はじめに

　このプリント集は、子どもたち自らアクティブに問題を解き続け、学習できるようになる姿をイメージして生まれました。
　どこから手をつけてよいかわからない。問題とにらめっこし、かたまってしまう。
　えんぴつを持ってみたものの、いつのまにか他のことに気がいってしまう…。
　そんな場面をなくしたい。
　子どもは１年間にたくさんのプリント出会います。できるかぎりよいプリントと出会ってほしいと思います。

　子どもにとって、よいプリントとは何でしょう？
　それは、サッとやりはじめ、ふと気がつけばできている。スイスイ、エスカレーターのようなしくみのあるプリントです。
「いつのまにか、できるようになった！」「もっと続きがやりたい！」
と、子どもがワクワクして、自ら次のプリントを求めるのです。
「もっとムズカシイ問題を解いてみたい！」
と、子どもが目をキラキラと輝かせる。そんな子どもたちの姿を思い描いて編集しました。

　プリント学習が続かないことには理由があります。また、プリント1枚ができないことには理由があります。
　数の感覚をつかむ必要性や、大人が想像する以上にスモールステップが必要であったり、同時に考えなければならない問題があったりします。
　教科書問題を解くために、数多くのスモールステップ問題をつくりました。
　少しずつ、「できることを増やしていく」プリント集。
　子どもが自信をつけていき、学ぶことが楽しくなるプリント集。
　ぜひ、このプリント集を使ってみてください。
　子どもたちがワクワク、キラキラして、プリントに取り組んでいる姿が、目の前でひろがりますように。

藤原　光雄

シリーズ全巻の特長

◎子どもたちの学びの基本である教科書を中心に学習

○教科書で学習した内容を　思い出す、確かめる。
○教科書で学習した内容を　試してみる、使えるようにする。
○教科書で学習した内容を　できるようにする、自分のものにする。
○教科書で学習した内容を　説明できるようにする。

プリントを使うときに、そっと声をかけてあげてください。

- 「何がわかればいい？」
- 「どうしたらいいと思う？」
- 「図でかくとどんな感じ？」
- 「ここまでは大丈夫？」
- 「次は何をすればいいのかな？」
- 「どれくらいわかっている？」

◎算数科６年間の学びをスパイラル化！

算数科６年間の学習内容を、スパイラルを意識して配列しています。
予習や復習、発展的な課題提供として、ほかの学年の巻も使ってみてください。

このプリントの特長

○はじめの一歩をわかりやすく！

自学にも活用できるように、ヒントとなるように、うすい字でやり方や答えがかいてあります。なぞりながら答え方を身につけてください。

○ゆったり＆たっぷりの問題数！

問題を精選し、教科書の学びを身につけるための問題数をもりこみました。教科書のすみずみまで学べる問題や、標準的な学力の形成のために必要な習熟問題もたっぷり用意しています。

○数感覚から解き方が身につく！

問題を解くための数の感覚や、図形のとらえ方の感覚を大切にして問題を配列しています。

朝学習、スキマ学習、家庭学習など、さまざまな学習の場面で活用できます。
解答のページは「キリトリ線」を入れ、はずして答えあわせができます。

もくじ　小学6年生

1 対称な図形 ①

名前

　１本の直線を折り目として、２つ折りにしたとき、両側の部分がぴったり重なる図形を、**線対称（せんたいしょう）な図形** といいます。また、この直線を **対称の軸（じく）** といいます。

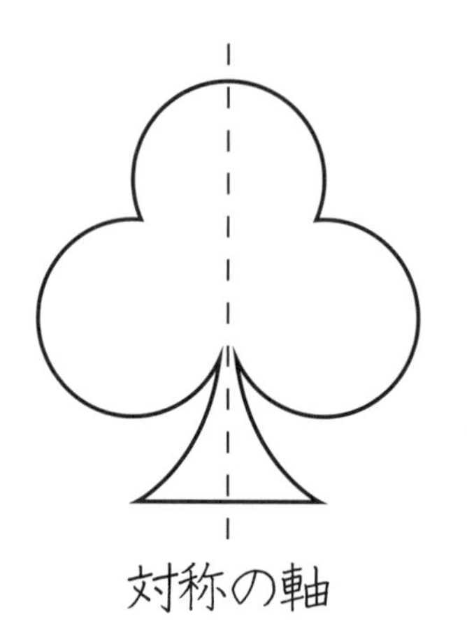

✿ 線対称な図形には○、そうでないものには×をつけましょう。

①
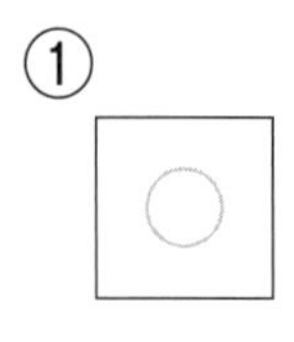

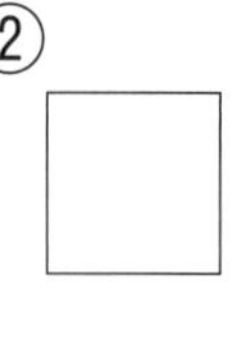

③
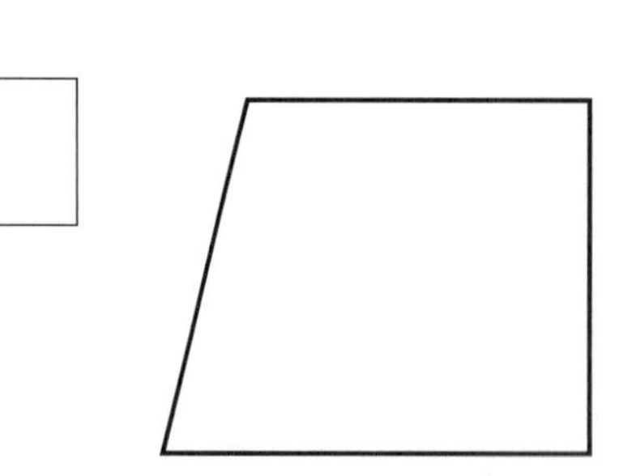

④

1 対称な図形 ②

名前

六角形ABCDEFは、直線ADを対称の軸とする、線対称な図形です。

重なる点、辺、角を、それぞれ **対応する点**、**対応する辺**、**対応する角** といいます。

対応する辺の長さは等しく、対応する点を結ぶ直線は、対称の軸と垂直に交わります。

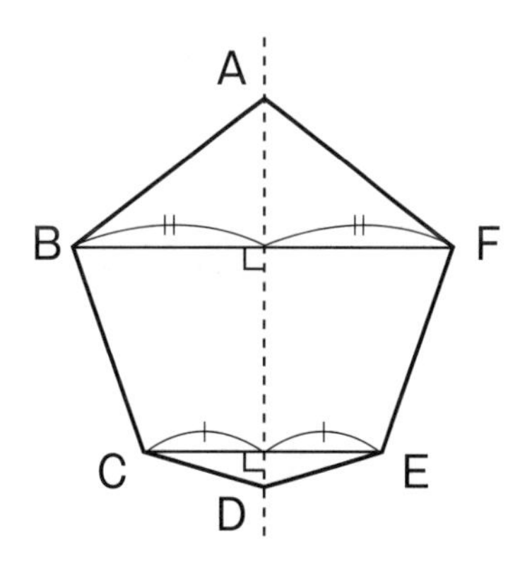

図は、線対称な図形です。対称の軸を折り目にしたとき、辺BCと重なりあう辺をかきましょう。

①

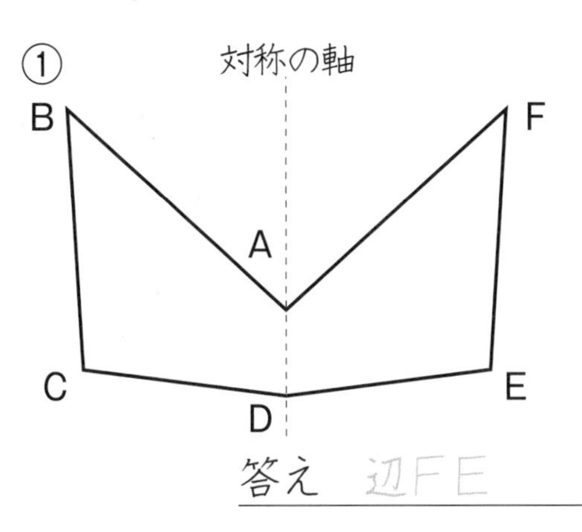

答え　辺FE

②

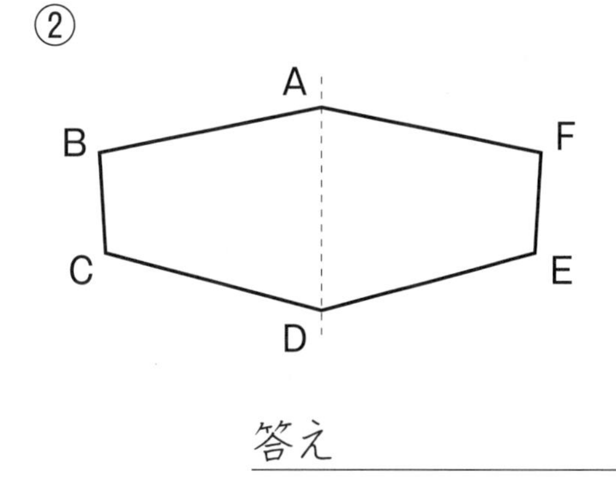

答え

③

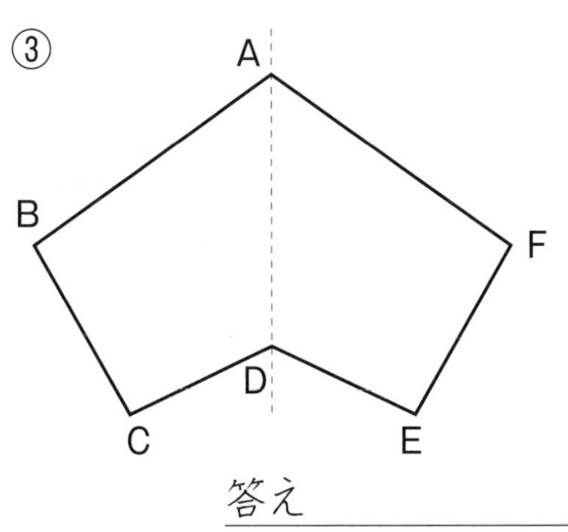

答え

④

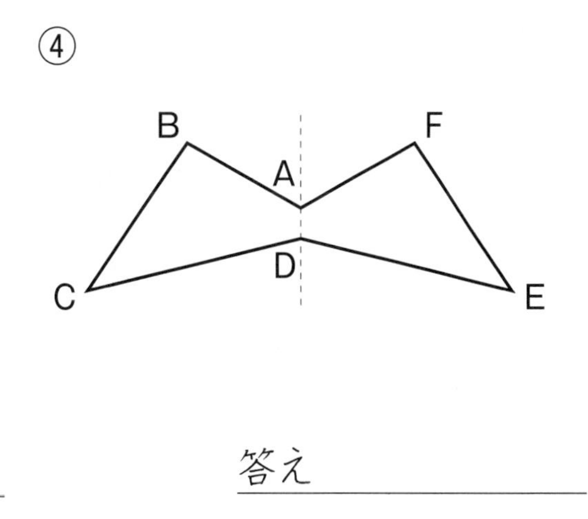

答え

1 対称な図形 ③

図は線対称な図形です。対称の軸をかきましょう。

①

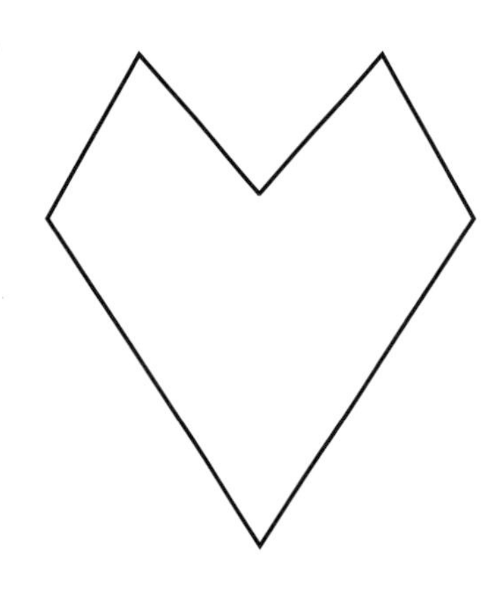

②

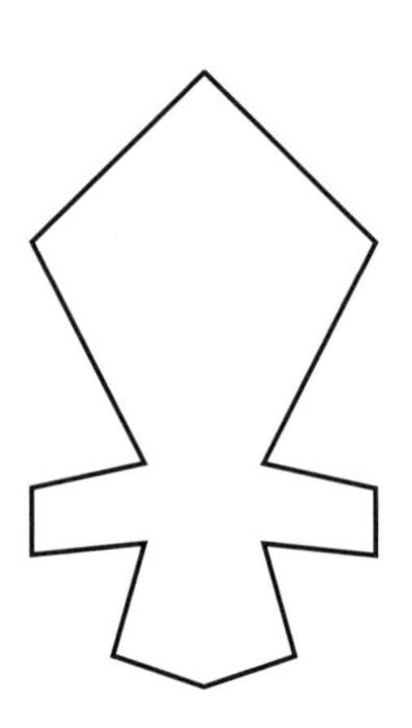

③

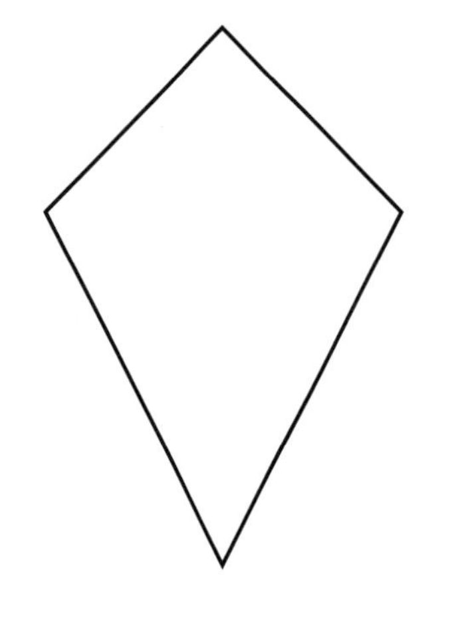

④

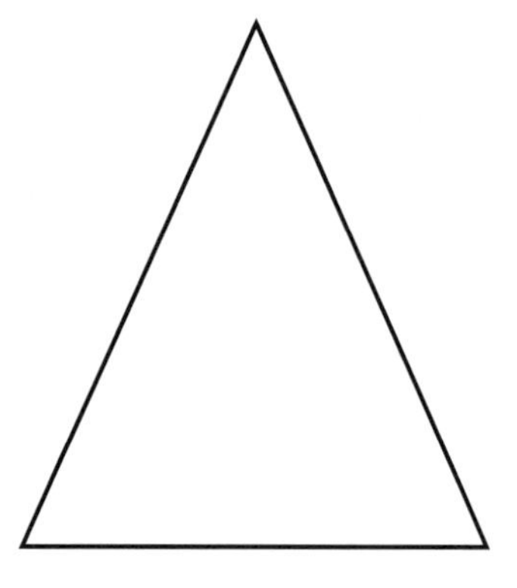

⑤

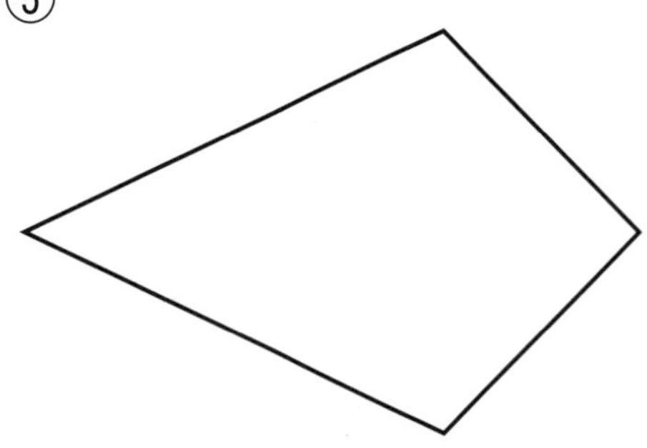

⑥

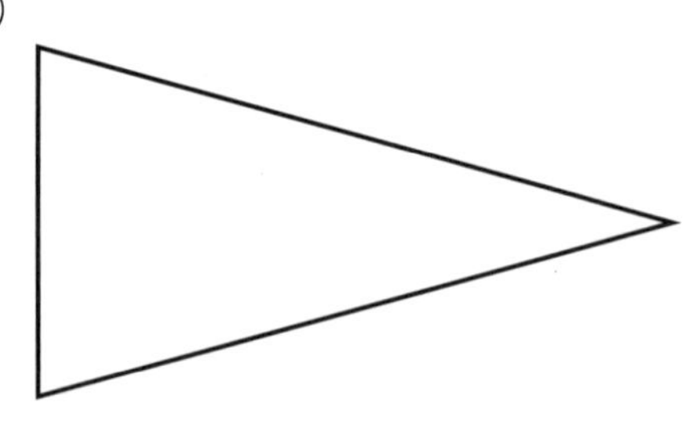

1 対称な図形 ④

名前

図は線対称な図形です。長さや角度を求めましょう。

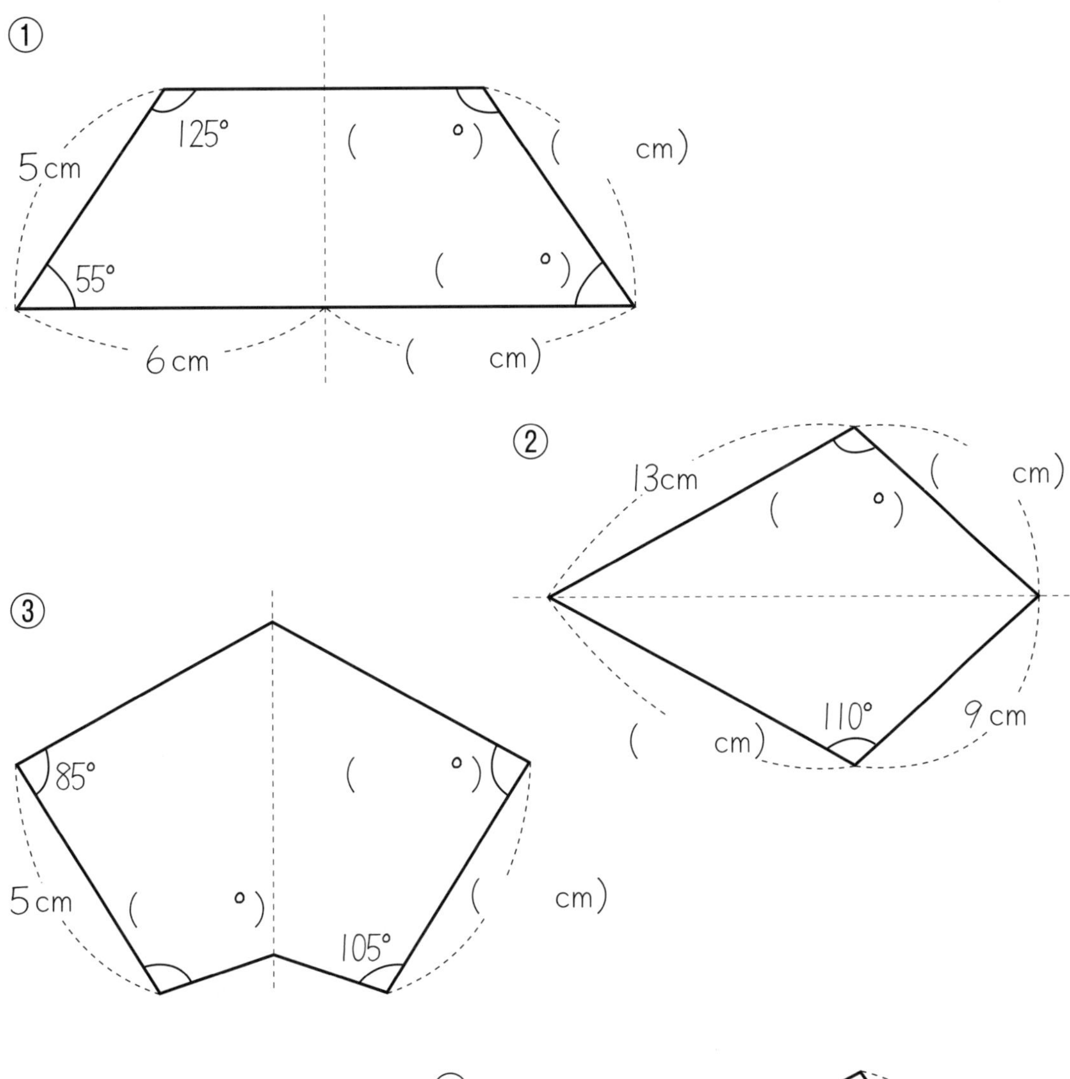

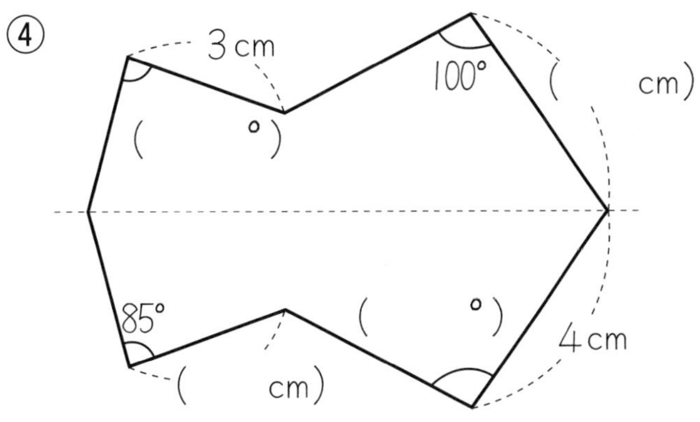

直線㋐㋑を対称(たいしょう)の軸(じく)として、線対称な図形をかきましょう。

①

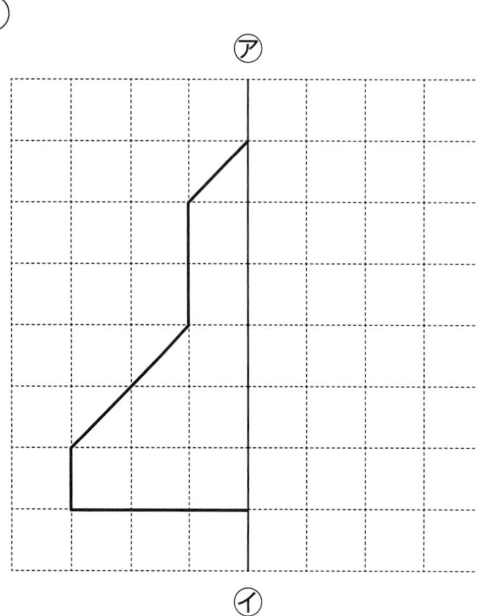

②

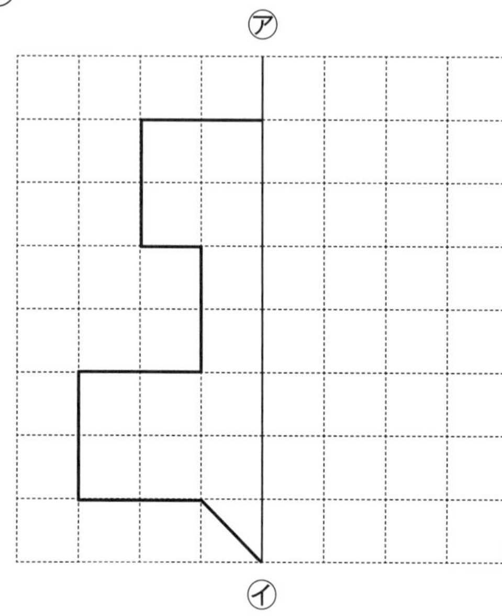

③

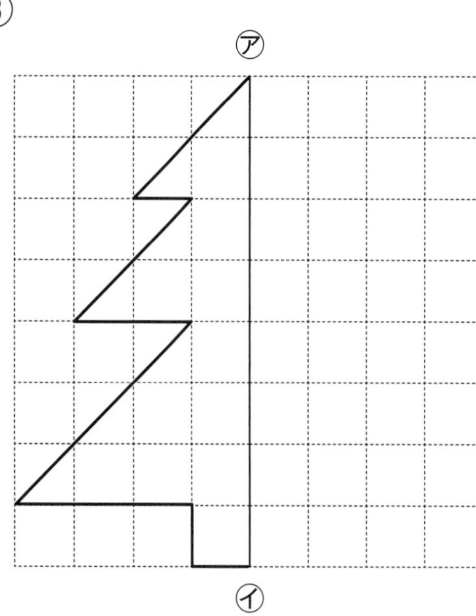

④

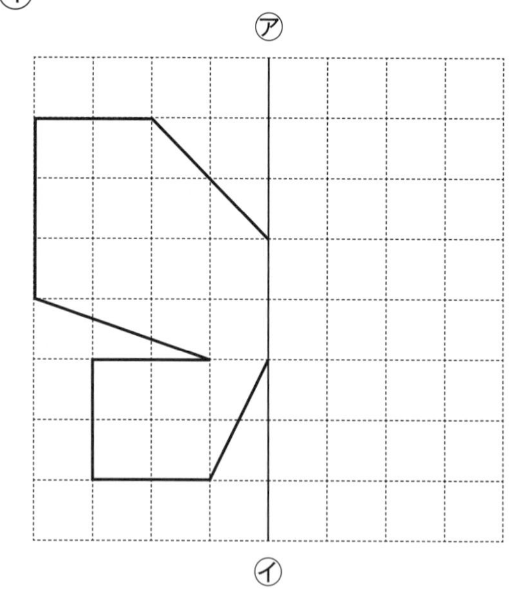

1 対称な図形 ⑥

名前

　1つの点のまわりに180°回転させたとき、もとの図形にぴったり重なる図形を **点対称な図形** といいます。
　また、この点を **対称の中心** といいます。

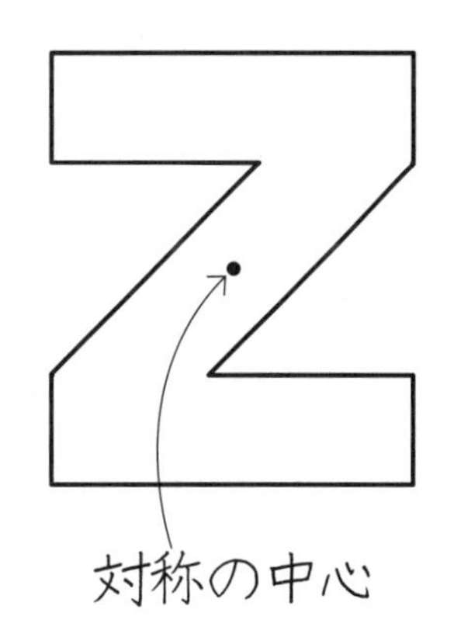

点対称な図形には○、そうでないものには×をつけましょう。

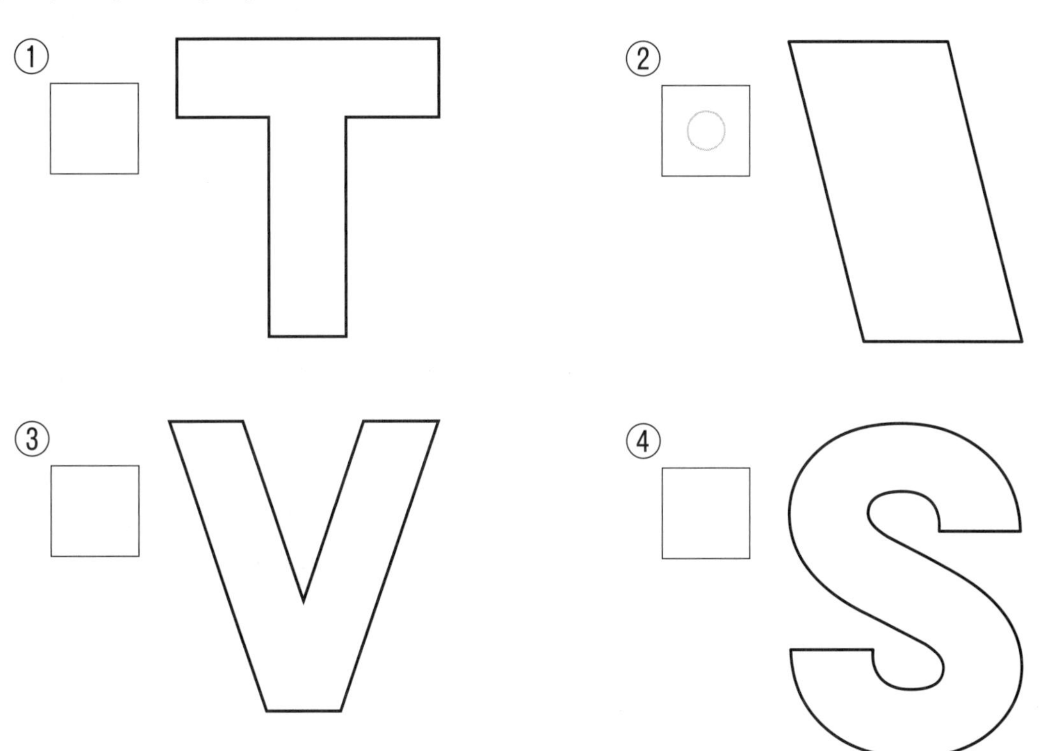

1 対称な図形 ⑦

点対称(てんたいしょう)な図形で、対称の中心のまわりに180°回転したときに重なりあう点、辺、角をそれぞれ **対応する点**、**対応する辺**、**対応する角** といいます。

対応する辺の長さや対応する角の大きさは、等しくなります。

対応する点と中心を結ぶと、BO=EO となります。

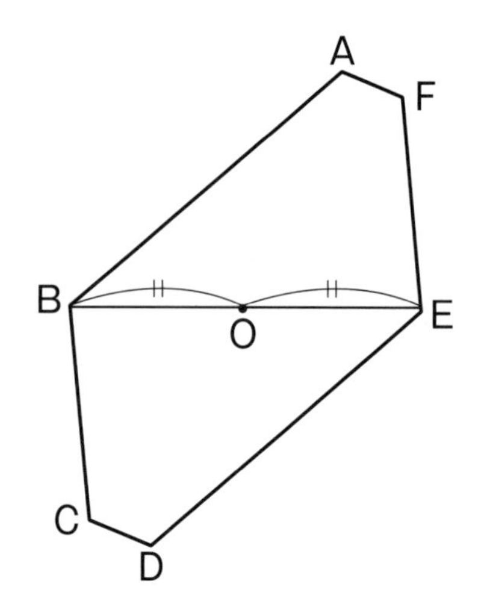

✿ 図は点対称な図形です。点Oを中心にして180°回転させたとき重なりあう点をかきましょう。

①

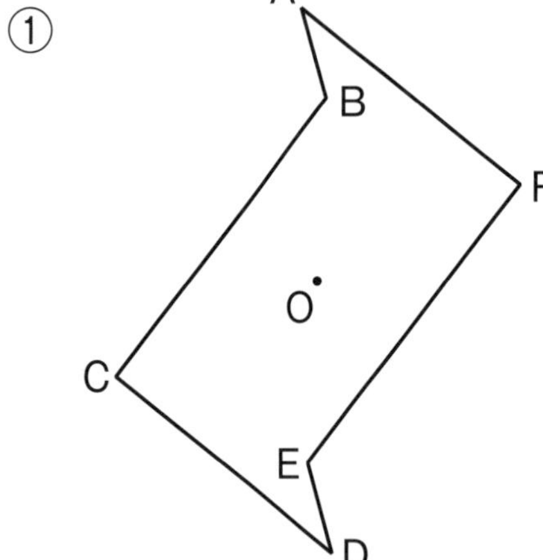

点A と 点（ D ）

点B と 点（　　）

点C と 点（　　）

②

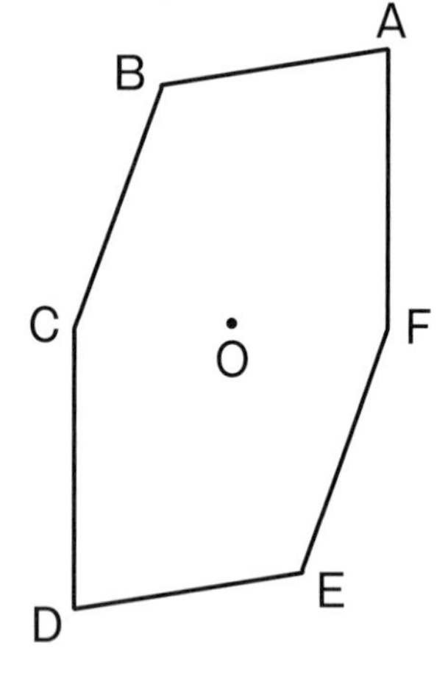

点A と 点（　　）

点B と 点（　　）

点C と 点（　　）

1 図は点対称な図形です。対称の中心Oをかきましょう。

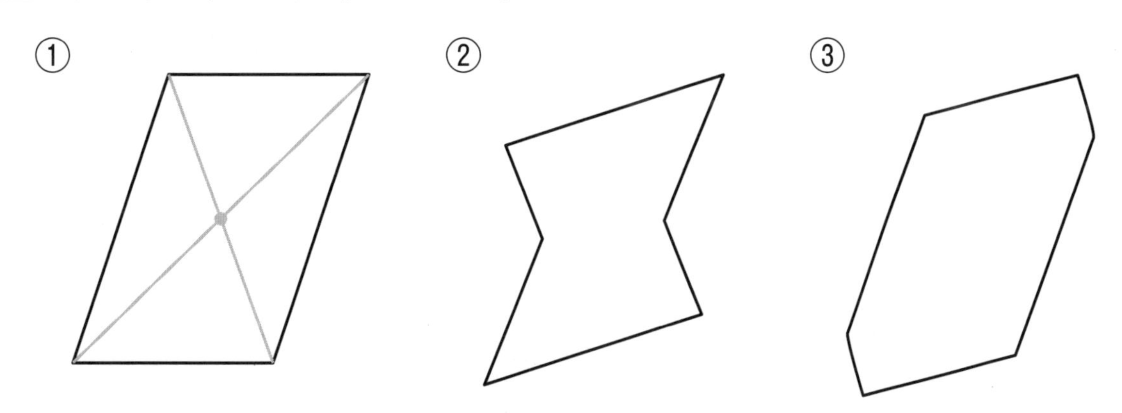

2 図は点対称な図形です。点Aに対応する点Bをかきましょう。

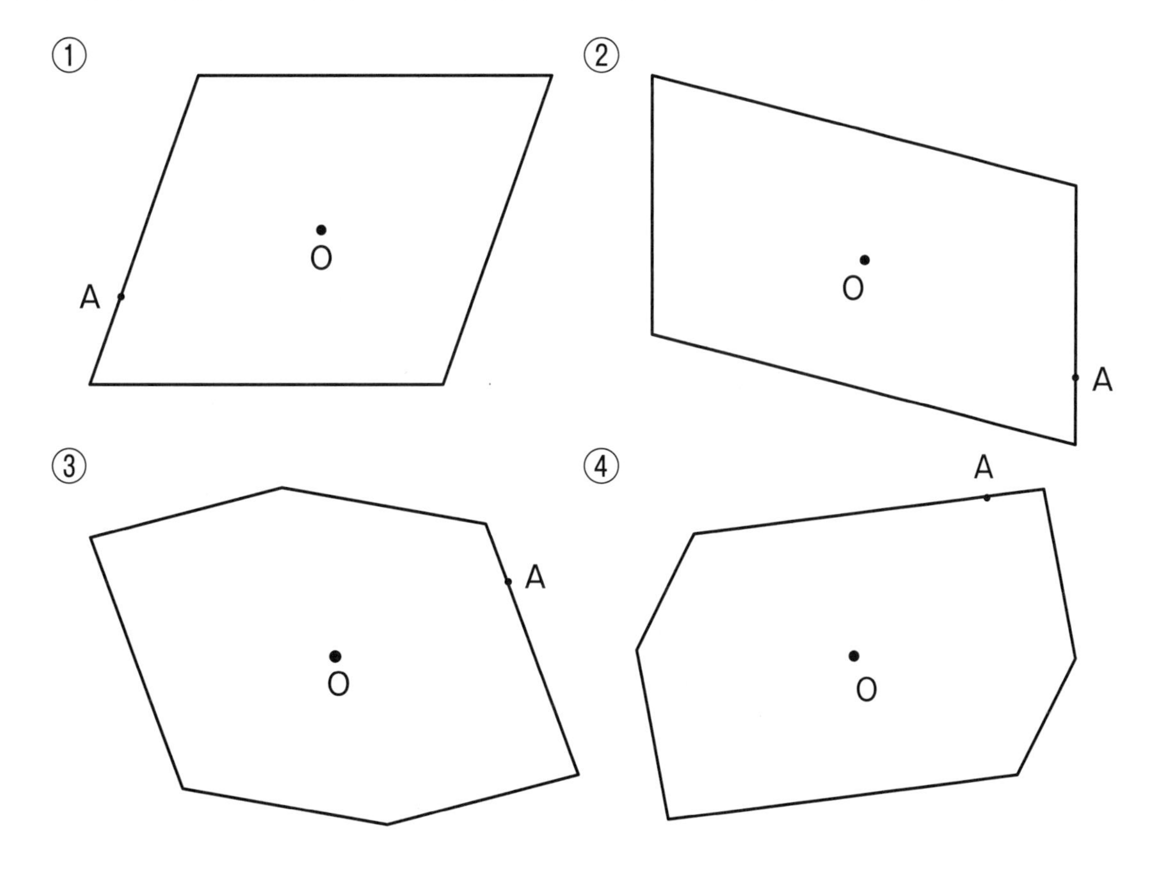

1 対称な図形 ⑨

名前

✿ 図は点対称（てんたいしょう）な図形です。次の問いに答えましょう。

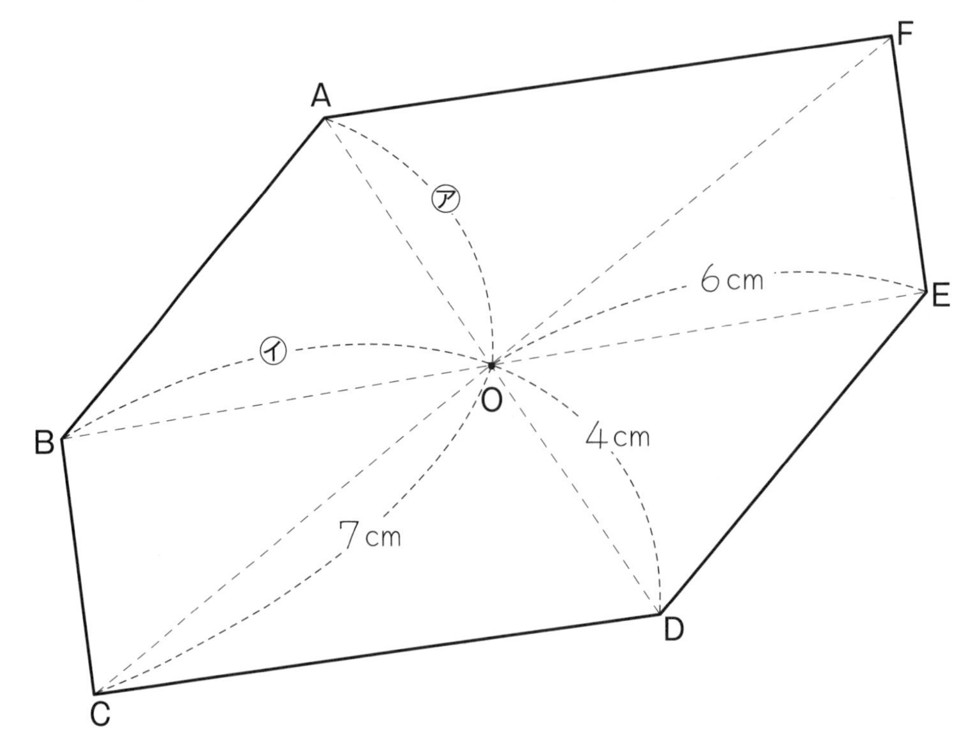

① 点A、B、Cに対応する点をかきましょう。

点A と 点（　　）

点B と 点（　　）

点C と 点（　　）

② ㋐、㋑は、対称の中心Oからそれぞれの点A、点Bまでの長さです。それぞれ何cmですか。

㋐（　　　　）

㋑（　　　　）

◎ 点対称な図形を作図しましょう。

①

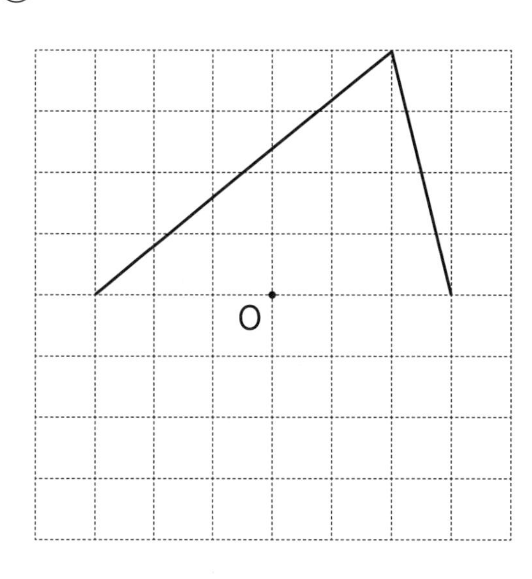

②

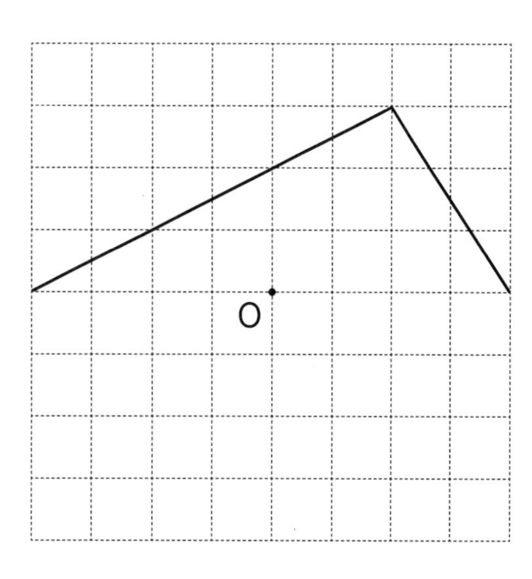

③

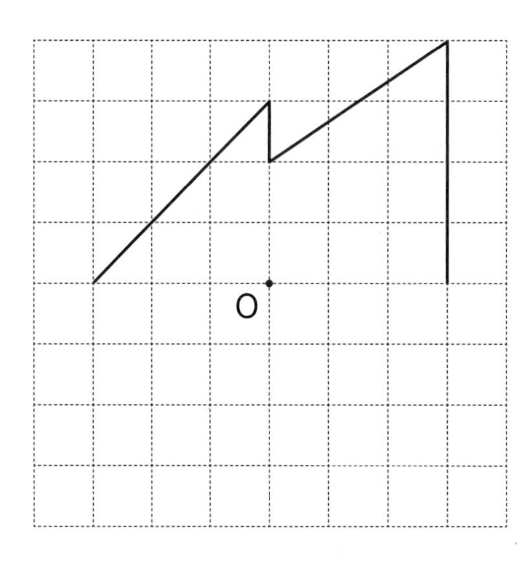

④

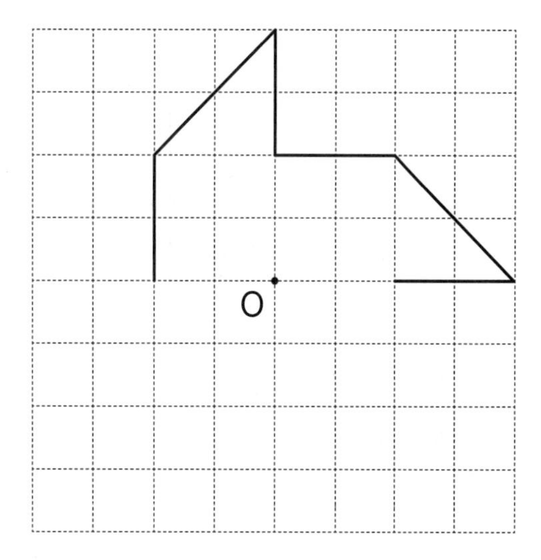

四角形について、正しいものには○、まちがっているものには×をつけましょう。また対称(たいしょう)の軸(じく)の数もかきましょう。

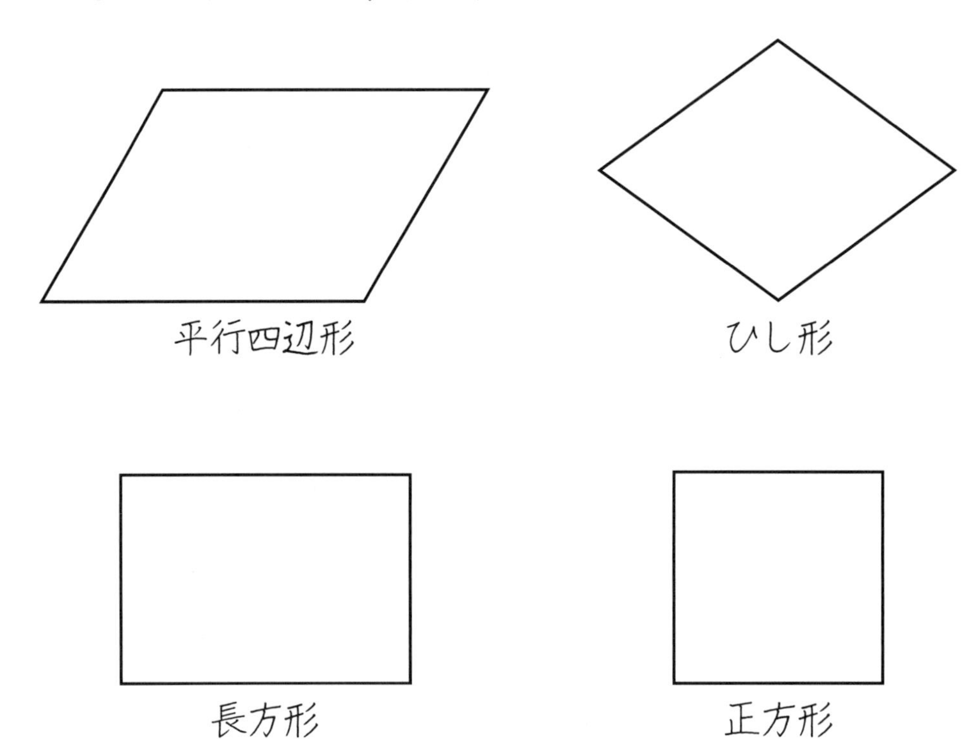

	線対称	対称の軸の数	点対称
平行四辺形			
ひし形			
長方形			
正方形			

1 対称な図形 ⑫

名前

正多角形について、正しいものには○、まちがっているものには×をつけましょう。また対称の軸の数もかきましょう。

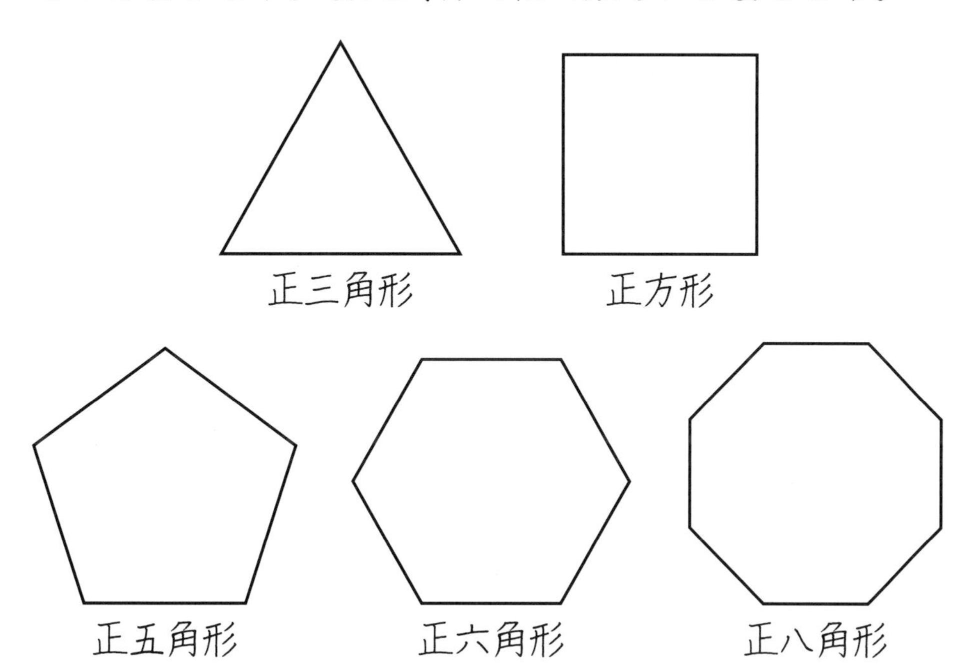

	線対称	対称の軸の数	点対称
正三角形			
正方形			
正五角形			
正六角形			
正八角形			

2 円の面積 ①

名前

方眼に円の一部をかいて、面積を調べます。□にかきましょう。

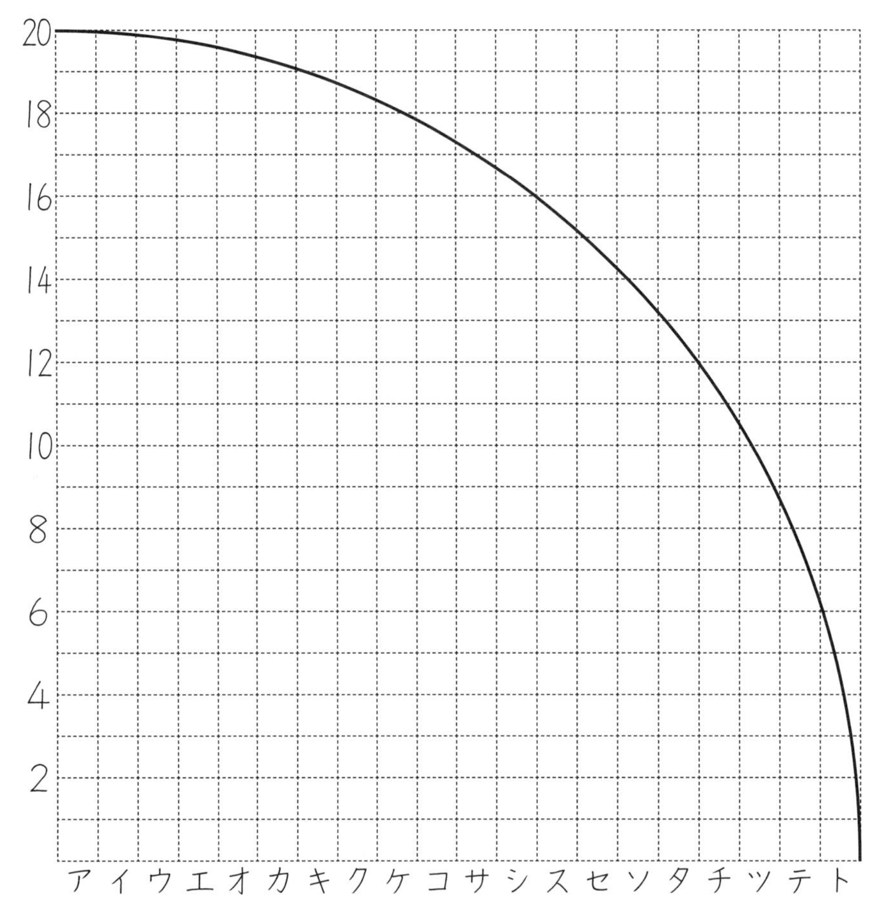

アの列は
◣が1個
■が19個
です。
これらを下の表にまとめました。

	ア	イ	ウ	エ	オ	カ	キ	ク	ケ	コ	サ	シ	ス	セ	ソ	タ	チ	ツ	テ	ト
◣	1	1	1	1	1	1	2	1	2	1	2	1	1	2	2	2	2	3	3	7
■	19	19	19	19	19	19	18	18	17	17	16	16	15	14	13	12	10	8	6	0

方眼すべて入っている（■）の数は294個あり、一部かけている（◣）の数は37個あります。■の面積を0.25cm²、◣の面積を0.125cm²とすると、円の一部の面積は

0.25×㋐□＋0.125×㋑□＝㋒□（cm²）となります。

半径10cmの円の面積は4倍して約㋓□（cm²）です。

2 円の面積 ②

✿ 円の面積を考えます。□にかきましょう。

円を次のように切って、つなぎあわせて平行四辺形をつくります。

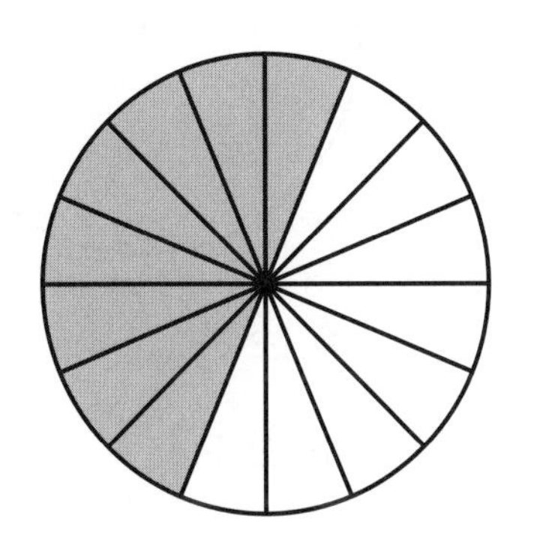

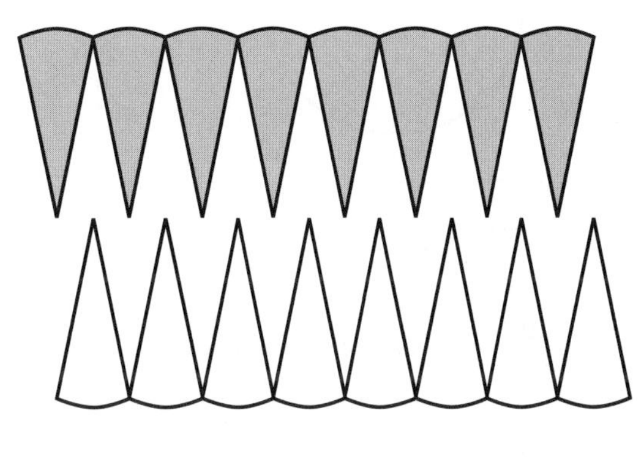

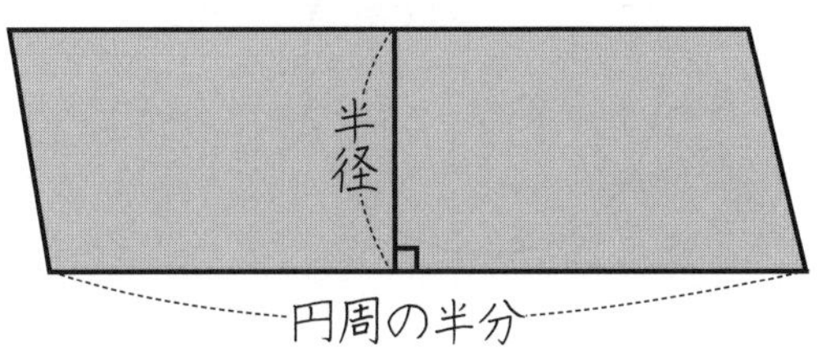

底辺の長さが円周の半分で、高さが半径になります。

半径rとすると、円周の半分は

$2r \times 3.14 \div 2 = r \times 3.14$

円の面積＝㋐ r×3.14 × r

＝㋑ □ × ㋒ □ ×3.14

円の面積＝半径×半径×3.14 となります。

半径10cmの円の面積は

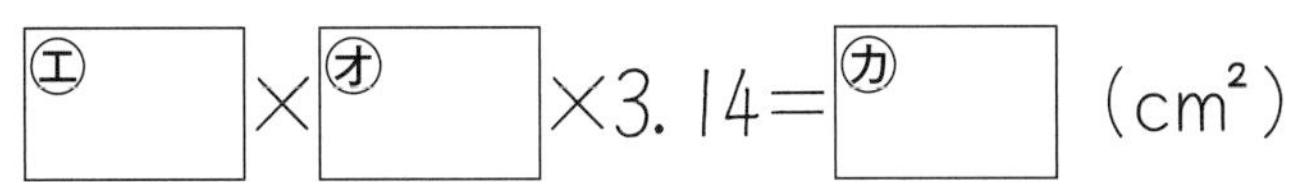

2 円の面積 ③

名前

[1] 図の円の直径と半径を求めましょう。

① 3cm

② 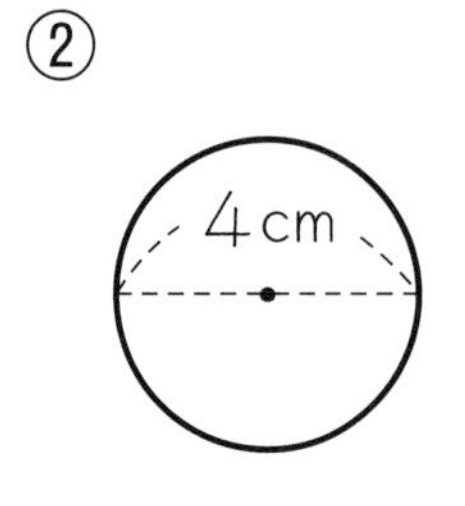

③ 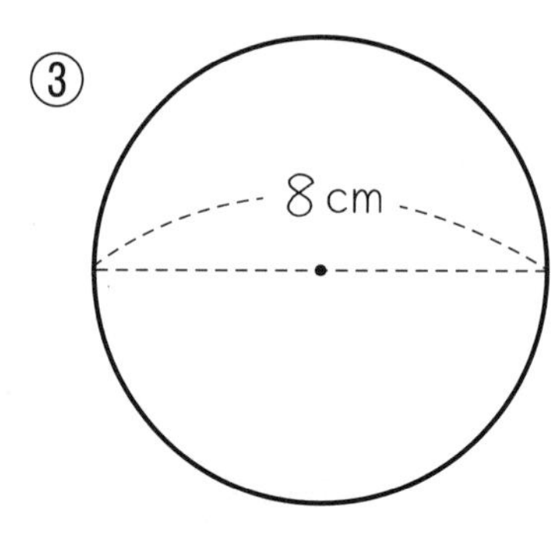

①	②	③
直径＝（　　　cm）	直径＝（　　　cm）	直径＝（　　　cm）
半径＝（ 3 cm）	半径＝（　　　cm）	半径＝（　　　cm）

[2] 図の円の面積を求める式をかきましょう。

① 4cm

式

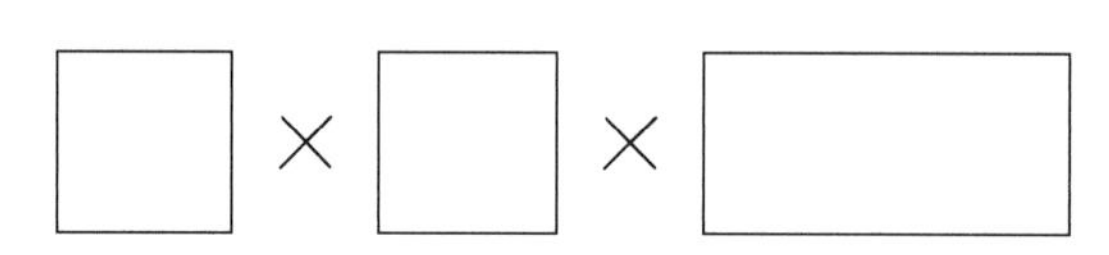

② 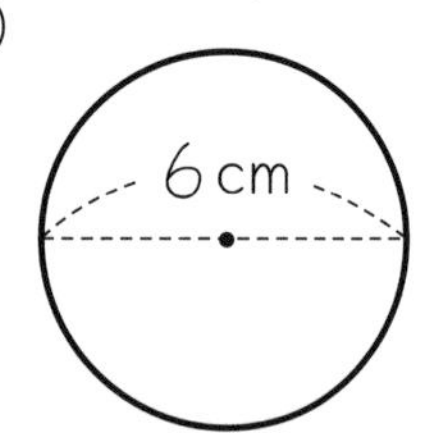

式

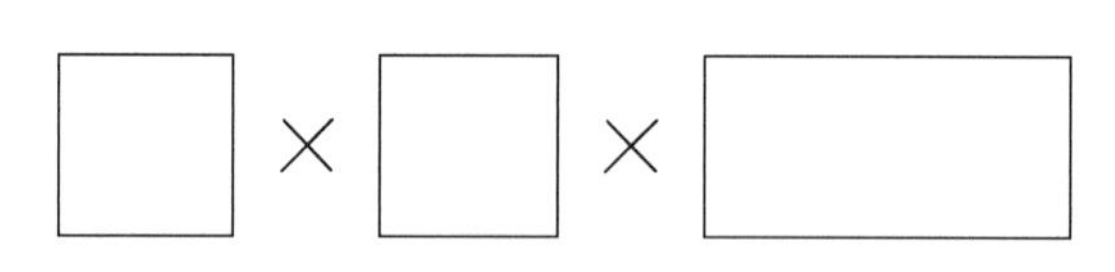

③ 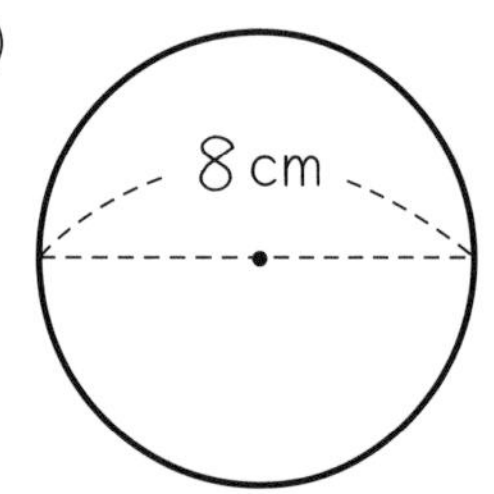

式

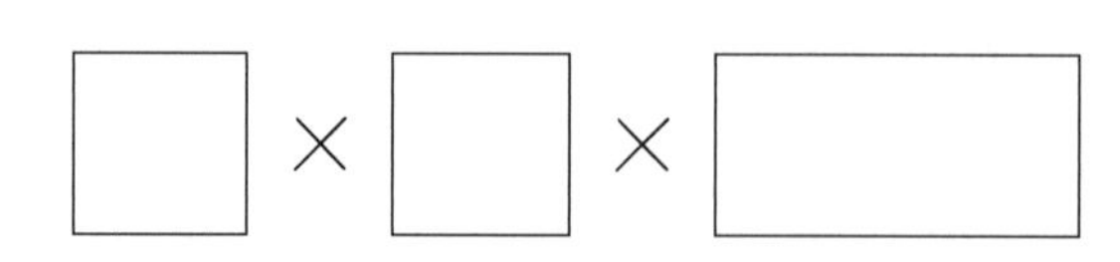

2 円の面積 ④

図の面積を求めましょう。

①

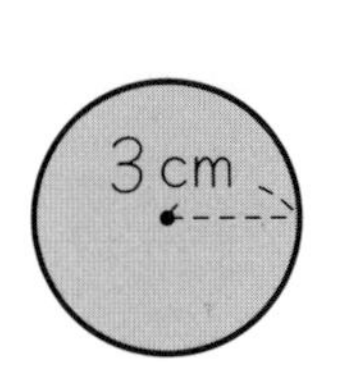

式

3 × 3 × 3.14 = 28.26

答え ＿＿＿＿＿＿＿＿

②

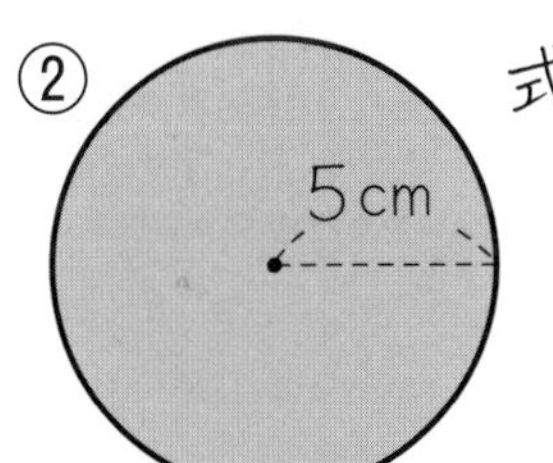

式

  □ × □ = □

答え ＿＿＿＿＿＿＿＿

③

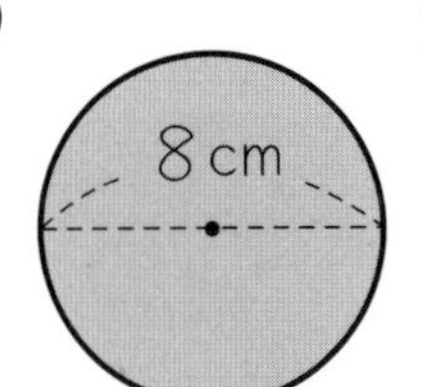

式

□ × □ ×  = □

答え ＿＿＿＿＿＿＿＿

④

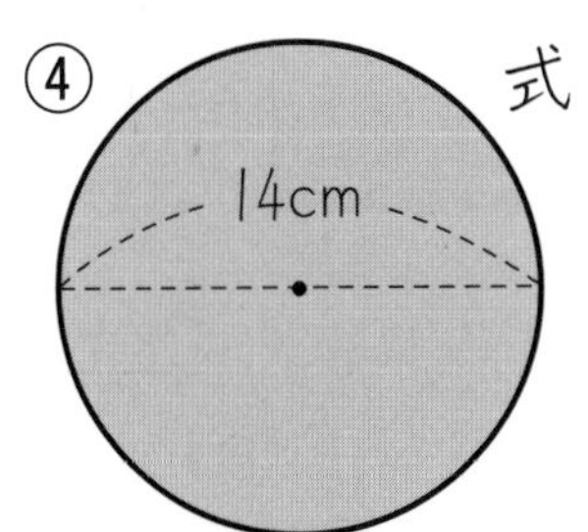

式

□ × □ × □ = □

答え ＿＿＿＿＿＿＿＿

2 円の面積 ⑤

名前

図の面積を求める式をかきましょう。

① 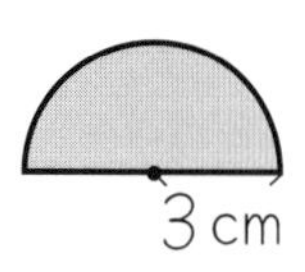

式

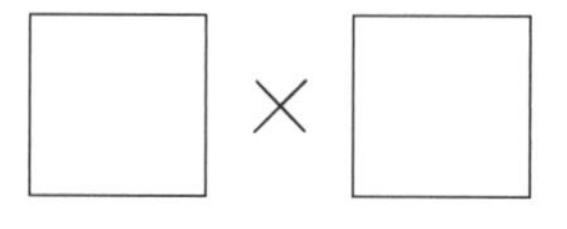

□ × □ × □ ÷ 2

② 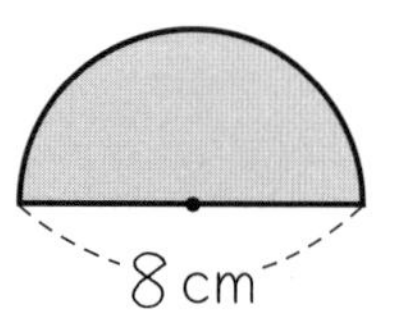

式

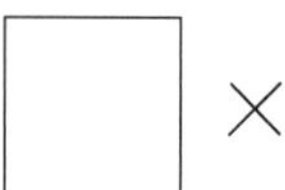

□ × □ × □ ÷ □

③ 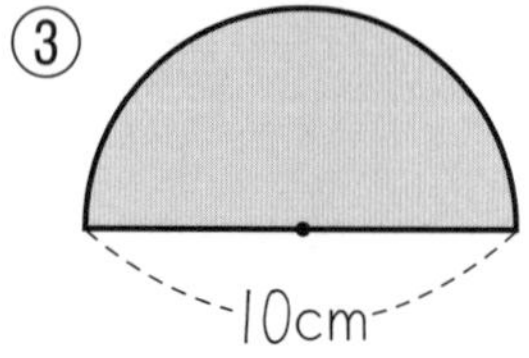

式

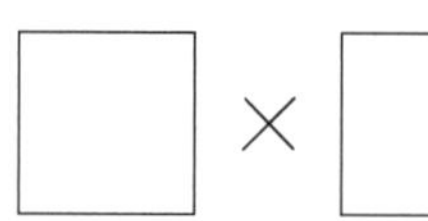

□ × □ × □ ÷ □

④ 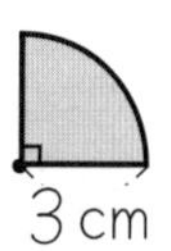

式

□ × □ × □ ÷ □

⑤ 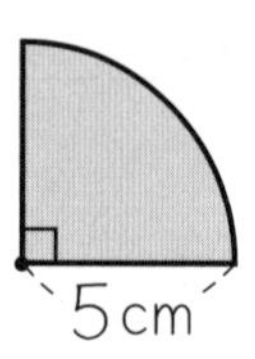

式

□ × □ × □ ÷ □

⑥ 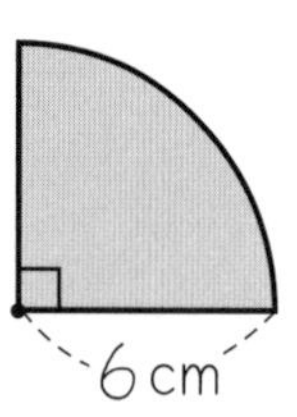

式

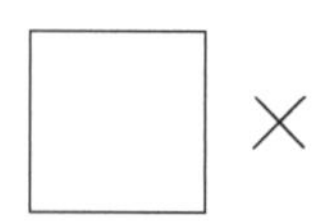

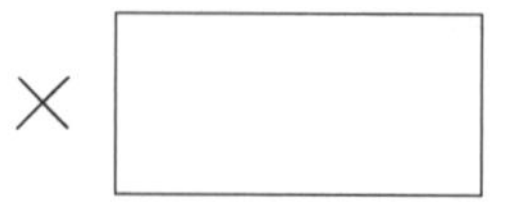

□ × □ × □ ÷ □

2 円の面積 ⑥

名前

1 図の面積を求めましょう。

①

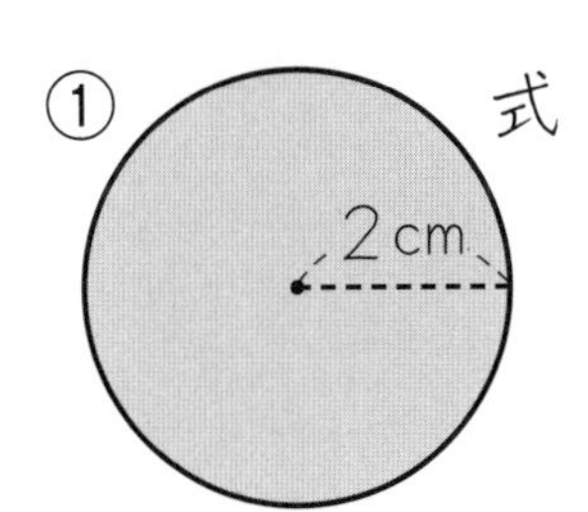

式 □ × □ × □ = □

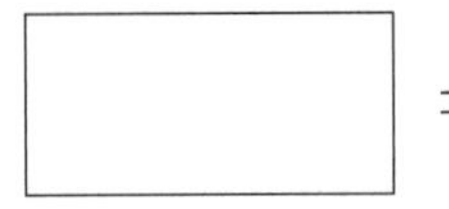

答え ＿＿＿＿＿＿

②

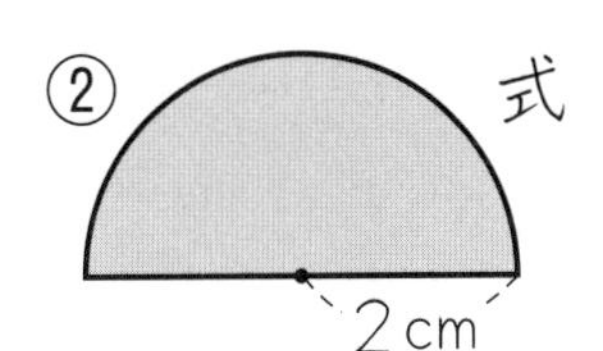

式 □ ÷ 2 = □

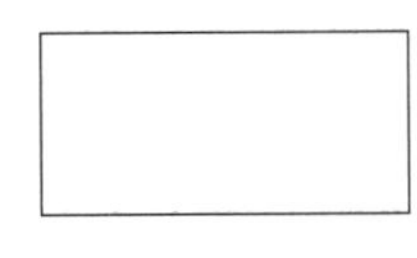

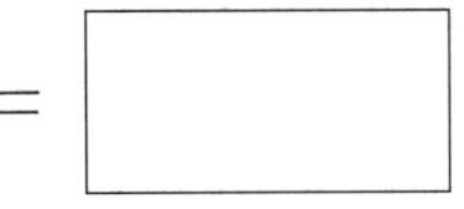

答え ＿＿＿＿＿＿

③

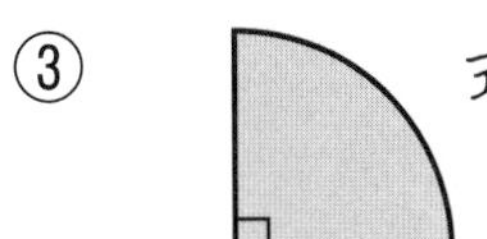

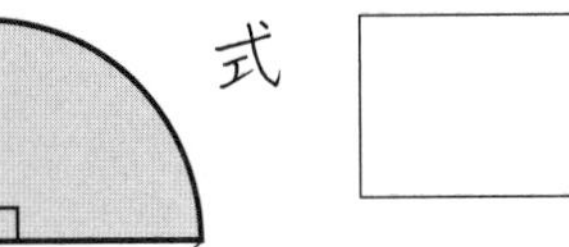

式 □ ÷ 2 = □

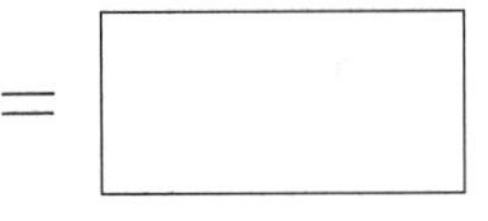

答え ＿＿＿＿＿＿

2 図の面積を求めましょう。

①

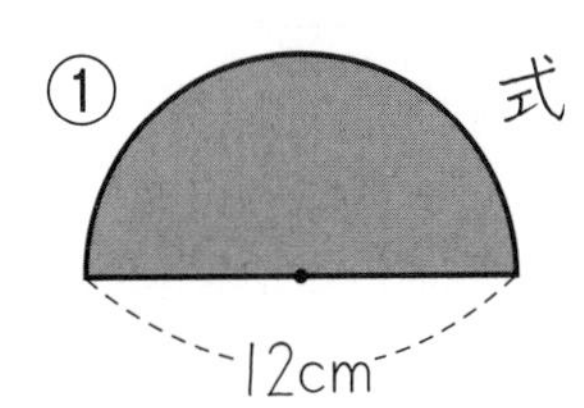

式 □ × □ × □ ÷ □

＝

答え ＿＿＿＿＿＿

②

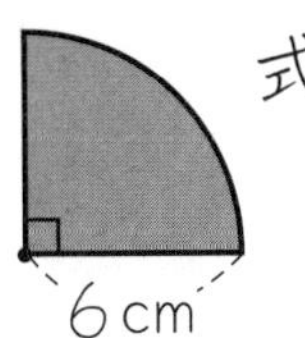

式 □ ÷ □ ＝

答え ＿＿＿＿＿＿

図の色をぬった部分の面積を求めましょう。

①

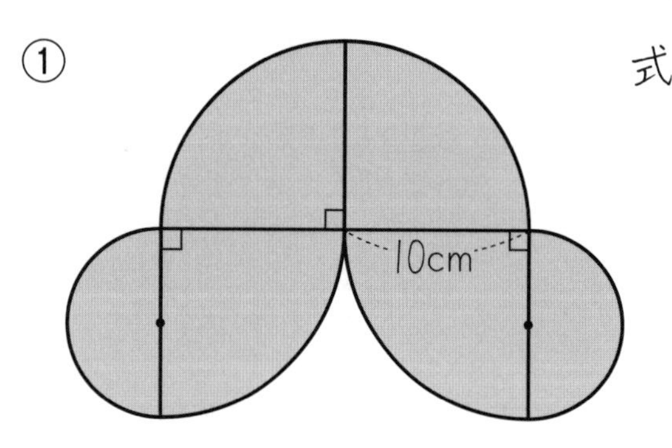

式 10×10×3.14=314
5×5×3.14=78.5
314+78.5=392.5

答え

②

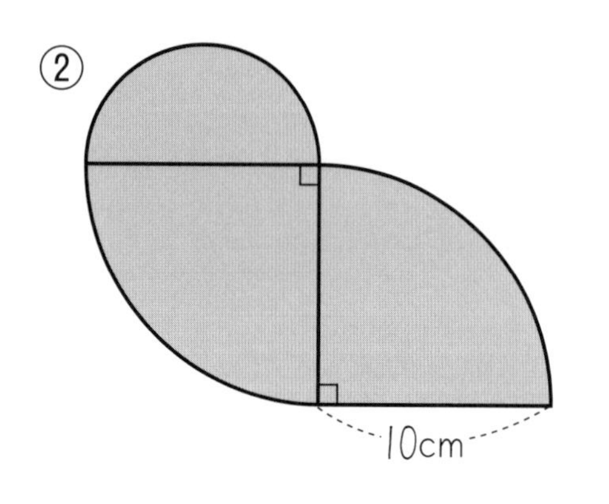

式

答え

③

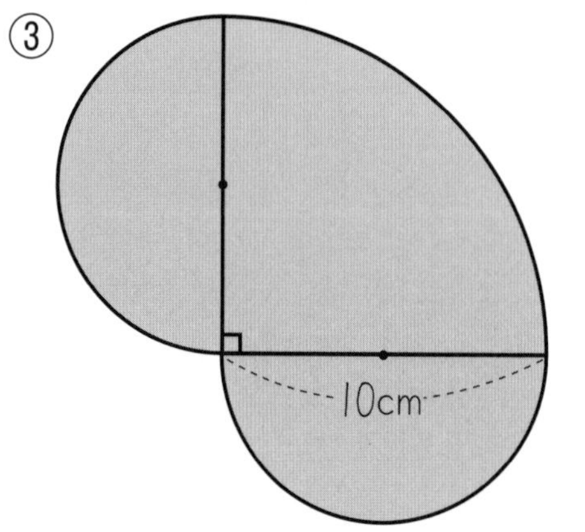

式

答え

2 円の面積 ⑧

図の色をぬった部分の面積を求めましょう。

①

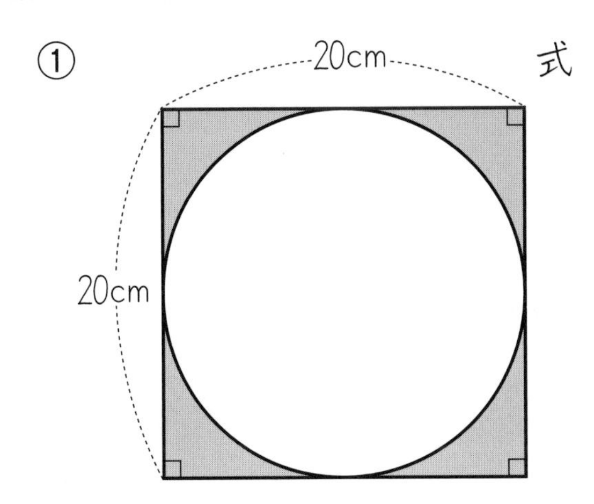

式

答え

②

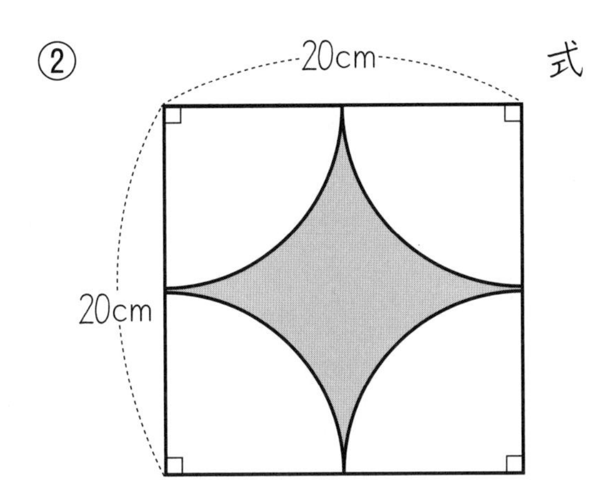

式

答え

③

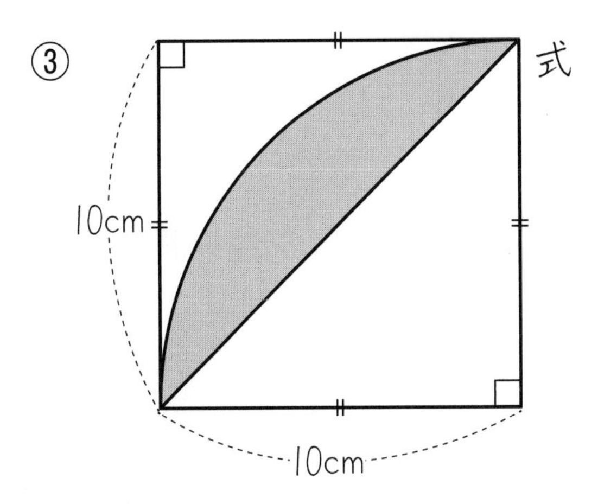

式

答え

3 文字と式 ①

✿ xを使って式をかきましょう。

① x円のおかしと150円のジュースを買ったときの代金。

式 $x + 150$

② 100gの箱にxgのりんごを入れたときの全部の重さ。

式

③ 2Lのお茶をxL飲んだときの残りの量。

式

④ 1枚(まい)10円の画用紙をx枚買ったときの代金。

式

⑤ 50個のキャンディーをx人で分けたときの1人あたりの個数。

式

⑥ 1本50円のえんぴつをx本と、100円の消しゴムを買った代金。

式

3 文字と式 ②

名前

次の場面で、xとyを使って式をかきましょう。

① x円のおかしと150円のジュースを買ったときの代金はy円です。

式

② 2Lのお茶をxL飲んだときの残りの量はyLです。

式

③ 1本30円のえんぴつをx本買ったときの代金はy円です。

式

④ 1個x円のお弁当を3個買ったときの代金はy円です。

式

⑤ 4Lのジュースをx人で分けたときの1人あたりの量はyLです。

式

⑥ 1枚10円の画用紙をx枚と、80円ののりを買った代金はy円です。

式

3 文字と式 ③

名前

1 次の①～④の式で表される場面を、㋐～㋓から選びましょう。

① $50 + x = y$ （ ㋐ ）

② $50 - x = y$ （　　）

③ $50 \times x = y$ （　　）

④ $50 \div x = y$ （　　）

㋐ 50円のえんぴつとx円のはさみを買ったときの代金はy円。

㋑ 50ページの本をx日で読むなら、1日あたりyページ読めばよい。

㋒ 1束50枚（まい）の色紙が、x束あるときの色紙全部の枚数はy枚。

㋓ 50cmのテープを$x$cm使ったときの残りの長さは$y$cm。

2 次の①～⑤の式で表される場面を、㋐～㋔から選びましょう。

① $x + 100 = y$ （　　）

② $x - 100 = y$ （　　）

③ $x \times 100 = y$ （　　）

④ $x \div 100 = y$ （　　）

⑤ $x \times x \times 3.14 = y$ （　　）

㋐ x円入っている貯金箱に100円を入れたときの合計はy円。

㋑ $x$cmをメートルで表すと、ym。

㋒ 1個xgのみかん100個の重さはyg。

㋓ 代金x円のおかしから、100円まけたときの値段（ねだん）はy円。

㋔ 半径が$x$cmの円の面積は$y$cm^2。

3 文字と式 ④

名前

1 正方形のまわりの長さを考えます。

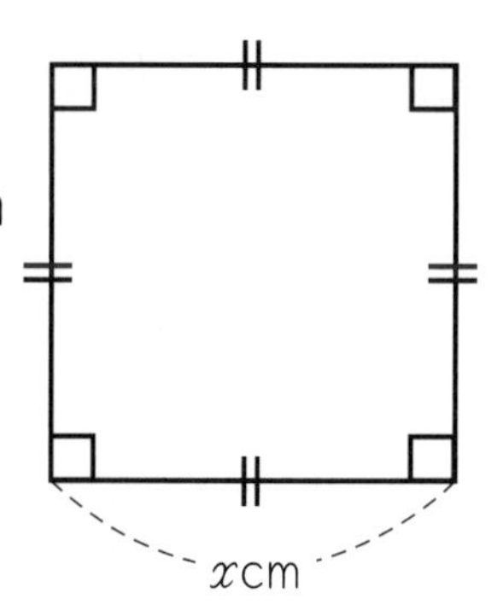

① 1辺が$x$cmの正方形のまわりの長さを$y$cmとして、xとyの関係を式に表しましょう。

式

② 1辺が5cmのとき、正方形のまわりの長さは何cmですか。

式

答え

③ 正方形のまわりの長さが36cmのとき、1辺の長さは何cmですか。

式

答え

2 正三角形のまわりの長さを考えます。

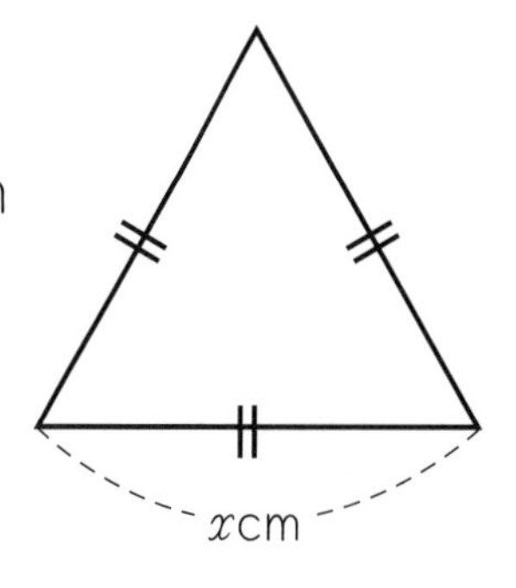

① 1辺が$x$cmの正三角形のまわりの長さを$y$cmとして、xとyの関係を式に表しましょう。

式

② 1辺が5cmのとき、正三角形のまわりの長さは何cmですか。

式

答え

4 分数のかけ算 ①

1 1dLで板を$\frac{2}{5}$m²ぬれるペンキがあります。

このペンキ2dLでは、板を何m²ぬれますか。

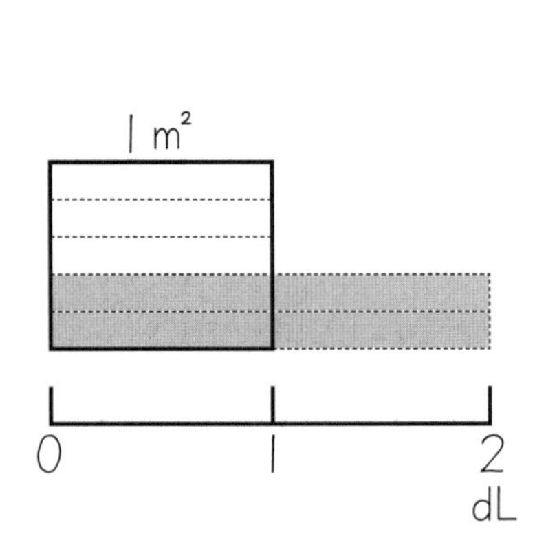

式 $\frac{2}{5}\times 2=\frac{2\times 2}{5\times 1}$ ⇐2は$\frac{2}{1}$

$=\frac{4}{5}$

答え ____________

2 次の計算をしましょう。仮分数は帯分数に直しましょう。

① $\frac{2}{9}\times 2=\frac{2\times 2}{9\times 1}=\frac{4}{9}$

② $\frac{2}{7}\times 3=$

③ $\frac{4}{5}\times 2=$

④ $\frac{5}{7}\times 4=$

4 分数のかけ算 ②

1　1mの重さが $\frac{1}{6}$kgのホースがあります。
このホース2mの重さは何kgですか。

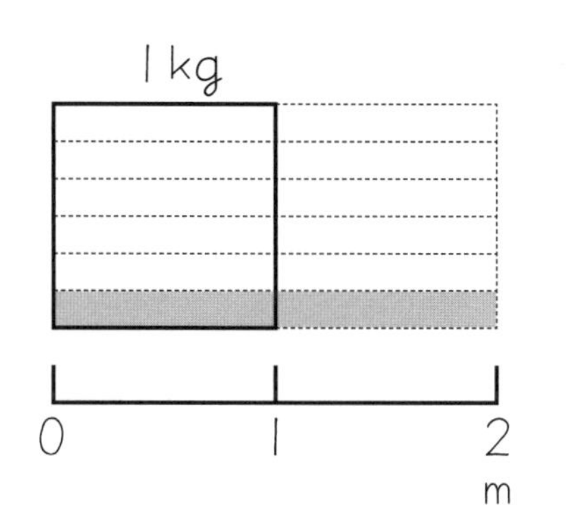

式

答え

2　次の計算をしましょう。仮分数は帯分数に直しましょう。

① $\frac{4}{21} \times 7 =$

② $\frac{2}{15} \times 3 =$

③ $\frac{3}{8} \times 2 =$

④ $\frac{8}{9} \times 3 =$

分数のかけ算 ③

名前

次の計算をしましょう。

① $\frac{1}{5} \times \frac{1}{3} = \frac{1 \times 1}{5 \times 3} = \frac{1}{15}$

② $\frac{2}{3} \times \frac{1}{7} =$

③ $\frac{3}{4} \times \frac{3}{5} =$

④ $\frac{5}{6} \times \frac{7}{9} =$

⑤ $\frac{7}{8} \times \frac{3}{4} =$

⑥ $\frac{9}{10} \times \frac{3}{7} =$

⑦ $\frac{5}{8} \times \frac{5}{7} =$

⑧ $\frac{7}{8} \times \frac{5}{9} =$

4 分数のかけ算 ④

名前

次の計算をしましょう。

① $\frac{4}{9} \times \frac{1}{4} = \frac{4 \times 1}{9 \times 4} = —$

② $\frac{3}{7} \times \frac{1}{3} =$

③ $\frac{4}{5} \times \frac{1}{8} =$

④ $\frac{9}{8} \times \frac{5}{6} =$

⑤ $\frac{3}{5} \times \frac{5}{7} =$

⑥ $\frac{1}{3} \times \frac{9}{10} =$

⑦ $\frac{2}{3} \times \frac{6}{5} =$

⑧ $\frac{4}{15} \times \frac{5}{7} =$

分数のかけ算 ⑤

次の計算をしましょう。

① $\frac{7}{9} \times \frac{3}{7} = \frac{7 \times 3}{9 \times 7} = —$

② $\frac{3}{10} \times \frac{2}{9} =$

③ $\frac{7}{16} \times \frac{4}{7} =$

④ $\frac{2}{9} \times \frac{3}{10} =$

⑤ $\frac{5}{6} \times \frac{3}{10} =$

⑥ $\frac{5}{9} \times \frac{18}{25} =$

⑦ $\frac{9}{5} \times \frac{10}{27} =$

⑧ $\frac{7}{15} \times \frac{25}{21} =$

4 分数のかけ算 ⑥

次の計算をしましょう。仮分数は帯分数に直しましょう。

① $1\frac{1}{3} \times \frac{2}{5} = \frac{4}{3} \times \frac{2}{5} = \frac{4 \times 2}{3 \times 5} = \frac{8}{15}$

② $2\frac{2}{5} \times \frac{2}{7} =$

③ $2\frac{7}{9} \times \frac{3}{5} =$

④ $1\frac{1}{7} \times 2\frac{1}{10} =$

⑤ $2\frac{2}{3} \times 2\frac{1}{4} =$

⑥ $2\frac{1}{4} \times 3\frac{1}{3} =$

4 分数のかけ算 ⑦

次の計算をしましょう。仮分数は帯分数に直しましょう。

① $\frac{3}{4} \times \frac{7}{9} \times \frac{2}{7} = \frac{\overset{1}{\cancel{3}} \times \overset{1}{\cancel{7}} \times \overset{1}{\cancel{2}}}{\underset{2}{\cancel{4}} \times \underset{3}{\cancel{9}} \times \underset{1}{\cancel{7}}}$

$= \frac{1}{6}$

② $\frac{4}{5} \times \frac{3}{8} \times \frac{2}{3} =$

③ $\frac{3}{5} \times \frac{7}{12} \times \frac{4}{7} =$

④ $\frac{9}{10} \times \frac{7}{8} \times \frac{16}{21} =$

⑤ $\frac{2}{9} \times 5 \times \frac{3}{10} =$

⑥ $\frac{2}{9} \times 3 \times 3\frac{3}{10} =$

工夫して計算しましょう。

① $\left(\frac{1}{3}+\frac{1}{2}\right)\times 6 = \frac{1}{3}\times 6+\frac{1}{2}\times 6$

② $\left(\frac{2}{3}+\frac{3}{4}\right)\times 12 =$

③ $\left(\frac{1}{6}+\frac{5}{9}\right)\times 18 =$

④ $\frac{1}{3}\times 5+\frac{1}{3}\times 1 = \frac{1}{3}\times(5+1)$

⑤ $\frac{3}{4}\times 3+\frac{3}{4}\times 5 =$

⑥ $\frac{3}{5}\times 4+\frac{3}{5}\times 6 =$

4 分数のかけ算 ⑨

図の面積を求めましょう。

① 正方形

式

$\frac{2}{5} \times \frac{2}{5} = \frac{2 \times 2}{5 \times 5} =$ —

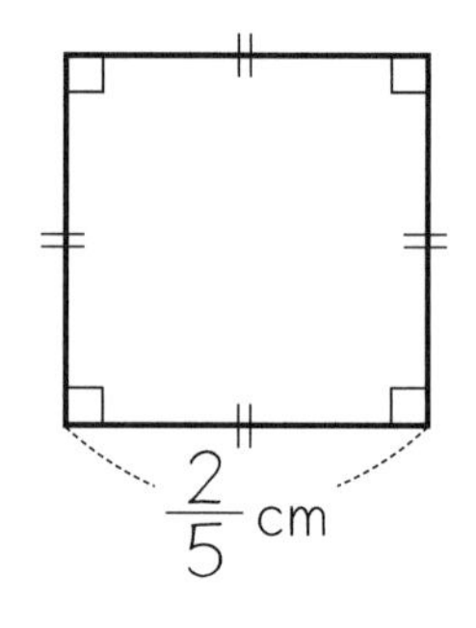

答え

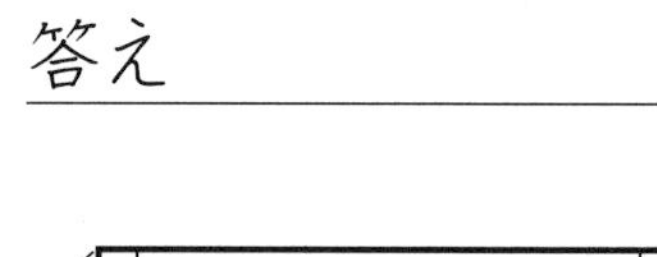

② 長方形

式

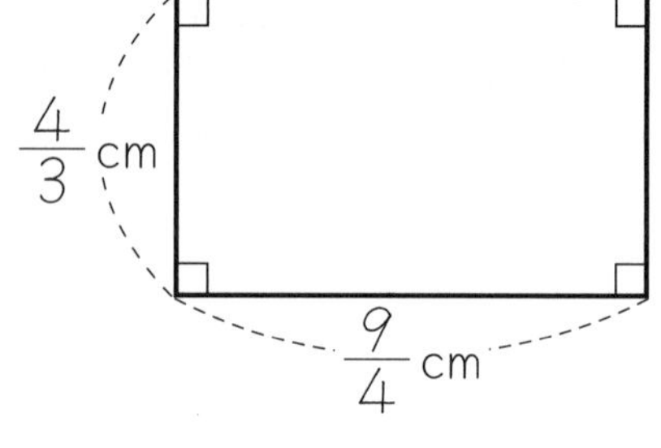

答え

③ 平行四辺形

式

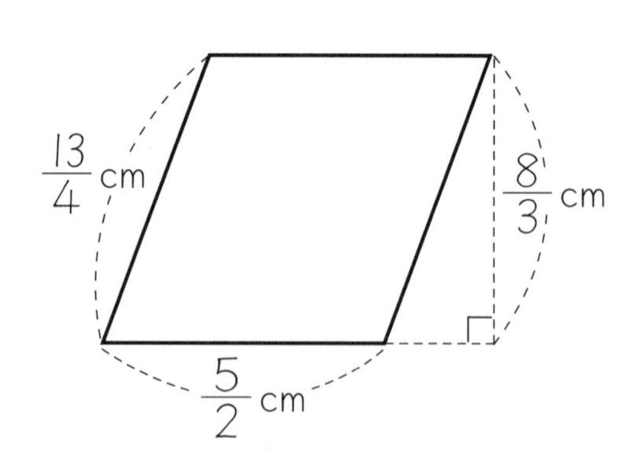

答え

4 分数のかけ算 ⑩

名前

1 1dLで、板を$\frac{4}{5}$m²ぬることができるペンキがあります。

① このペンキ5dLで、板を何m²ぬることができますか。

式

答え

② このペンキ$\frac{3}{4}$dLで、板を何m²ぬることができますか。

式

答え

2 1dLで、板を$\frac{7}{8}$m²ぬることができるペンキがあります。

① このペンキ40dLで、板を何m²ぬることができますか。

式

答え

② このペンキ$\frac{48}{35}$dLで、板を何m²ぬることができますか。

式

答え

5 分数のわり算 ①

1　次の数の逆数を求めましょう。

① $\frac{2}{3} \to \frac{3}{2}$　② $\frac{12}{5} \to \frac{5}{12}$　③ $\frac{1}{3} \to 3$

④ $\frac{4}{5} \to$　⑤ $\frac{15}{7} \to$　⑥ $\frac{1}{15} \to$

⑦ $8 \to$　⑧ $9 \to$　⑨ $10 \to$

2　3dLで、板を $\frac{2}{5}$ m²ぬれるペンキがあります。

このペンキ1dLでは、板を何m²ぬれますか。

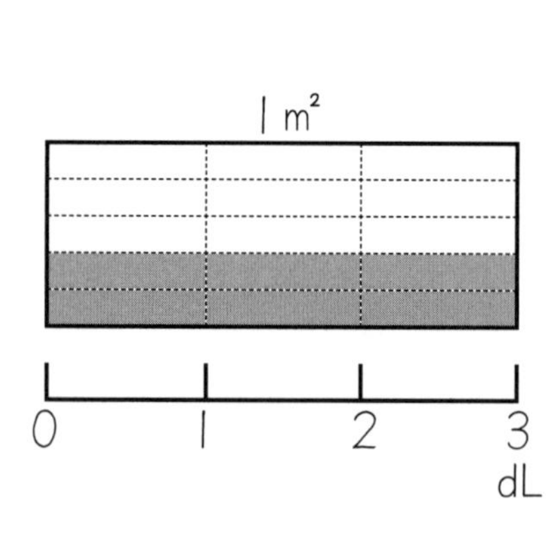

式　$\frac{2}{5} \div 3 = \frac{2}{5 \times 3}$

$= \frac{2}{15}$

答え＿＿＿＿＿＿＿＿

※　$\div 3$ は、$\times \frac{1}{3}$ と同じなので

$\frac{2}{5} \div 3 = \frac{2 \times 1}{5 \times 3}$ とします。

5 分数のわり算 ②

名前

次の計算をしましょう。

① $\frac{1}{3} \div 2 = \frac{1 \times 1}{3 \times 2} = \frac{1}{6}$

② $\frac{4}{5} \div 3 =$

③ $\frac{7}{5} \div 3 =$

④ $\frac{5}{9} \div 4 =$

⑤ $\frac{6}{17} \div 2 =$

⑥ $\frac{8}{13} \div 16 =$

⑦ $\frac{12}{5} \div 24 =$

⑧ $\frac{9}{2} \div 81 =$

5 分数のわり算 ③

次の計算をしましょう。仮分数は帯分数に直しましょう。

① $\frac{1}{5} \div \frac{2}{3} = \frac{1 \times 3}{5 \times 2} = \frac{3}{10}$

② $\frac{5}{8} \div \frac{4}{5} =$

③ $\frac{3}{4} \div \frac{2}{3} =$

④ $\frac{4}{7} \div \frac{3}{5} =$

⑤ $\frac{7}{9} \div \frac{3}{5} =$

⑥ $\frac{5}{9} \div \frac{4}{5} =$

⑦ $\frac{4}{9} \div \frac{3}{7} =$

⑧ $\frac{3}{8} \div \frac{2}{7} =$

5 分数のわり算 ④

名前

次の計算をしましょう。仮分数は帯分数に直しましょう。

① $\frac{1}{6} \div \frac{2}{3} = \frac{1 \times \overset{1}{\cancel{3}}}{\underset{2}{\cancel{6}} \times 2} = \frac{1}{4}$

② $\frac{1}{8} \div \frac{3}{4} =$

③ $\frac{5}{12} \div \frac{9}{8} =$

④ $\frac{8}{9} \div \frac{11}{18} =$

⑤ $\frac{3}{5} \div \frac{9}{7} =$

⑥ $\frac{4}{5} \div \frac{2}{7} =$

⑦ $\frac{4}{9} \div \frac{8}{7} =$

⑧ $\frac{3}{8} \div \frac{15}{17} =$

次の計算をしましょう。仮分数は帯分数に直しましょう。

① $\frac{8}{9} \div \frac{20}{21} = \frac{\overset{2}{\cancel{8}} \times \overset{7}{\cancel{21}}}{\underset{3}{\cancel{9}} \times \underset{5}{\cancel{20}}} = \frac{14}{15}$

② $\frac{15}{16} \div \frac{9}{10} =$

③ $\frac{8}{21} \div \frac{6}{35} =$

④ $\frac{10}{21} \div \frac{14}{15} =$

⑤ $\frac{14}{15} \div \frac{8}{9} =$

⑥ $\frac{15}{16} \div \frac{21}{20} =$

⑦ $\frac{5}{9} \div \frac{25}{18} =$

⑧ $\frac{8}{5} \div \frac{12}{35} =$

次の計算をしましょう。仮分数は帯分数に直しましょう。

① $1\frac{1}{2} \div \frac{2}{3} = \frac{3}{2} \div \frac{2}{3} = \frac{3 \times 3}{2 \times 2}$

$= \frac{9}{4} = 2\frac{1}{4}$

② $1\frac{3}{4} \div \frac{2}{7} =$

③ $2\frac{7}{9} \div \frac{5}{9} =$

④ $1\frac{4}{5} \div 1\frac{1}{8} =$

⑤ $1\frac{1}{5} \div 2\frac{2}{5} =$

⑥ $1\frac{1}{3} \div 2\frac{2}{5} =$

5 分数のわり算 ⑦

名前

次の計算をしましょう。仮分数は帯分数に直しましょう。

① $\frac{3}{4} \div 2 \div \frac{2}{5} = \frac{3 \times 1 \times 5}{4 \times 2 \times 2}$

$= \frac{15}{16}$

② $\frac{1}{7} \div \frac{4}{3} \div \frac{3}{5} =$

③ $\frac{1}{3} \div \frac{5}{18} \div \frac{9}{2} =$

④ $\frac{2}{5} \div \frac{4}{9} \div \frac{9}{8} =$

⑤ $\frac{7}{15} \div \frac{7}{25} \div \frac{2}{3} =$

⑥ $\frac{8}{15} \div \frac{10}{9} \div \frac{14}{25} =$

5 分数のわり算 ⑧

1 $\frac{2}{9}$mで重さが10gの針金（はりがね）があります。1mの重さを求めましょう。

式

答え ＿＿＿＿＿＿

2 $1\frac{2}{3}$mで重さが10gの針金があります。1mの重さを求めましょう。

式

答え ＿＿＿＿＿＿

3 次の三角形の面積を求めましょう。

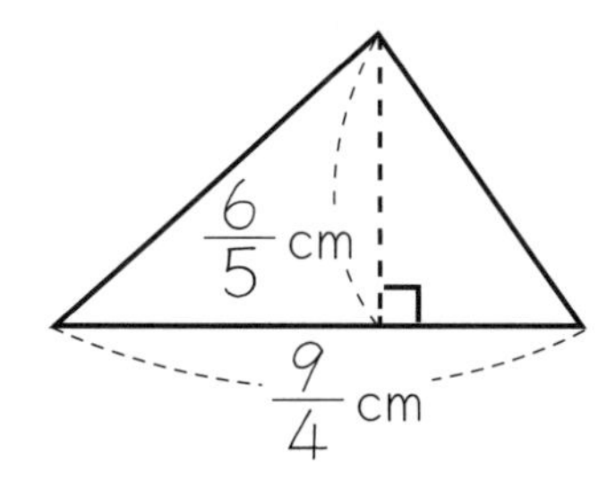

答え ＿＿＿＿＿＿

②

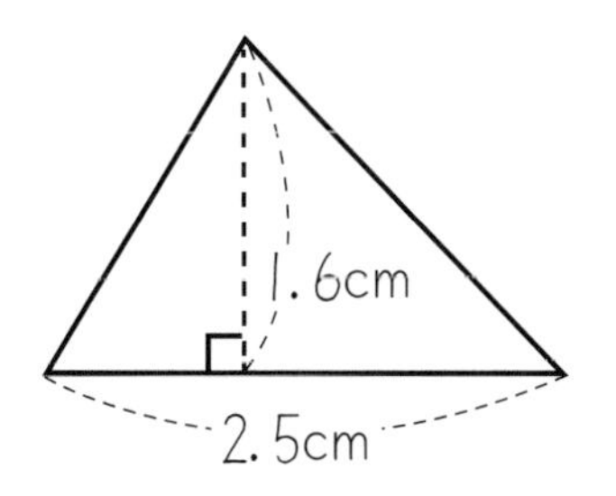

答え ＿＿＿＿＿＿

5 分数のわり算 ⑨

次の問いに答えましょう。

① $\frac{27}{16}$Lは、$\frac{3}{4}$Lの何倍になりますか。

式

答え

② $\frac{8}{9}$mは、$\frac{7}{9}$mの何倍になりますか。

式

答え

③ $\frac{2}{5}$Lは、$\frac{7}{15}$Lの何倍になりますか。

式

答え

④ $\frac{5}{8}$cmは、$\frac{15}{16}$cmの何倍になりますか。

式

答え

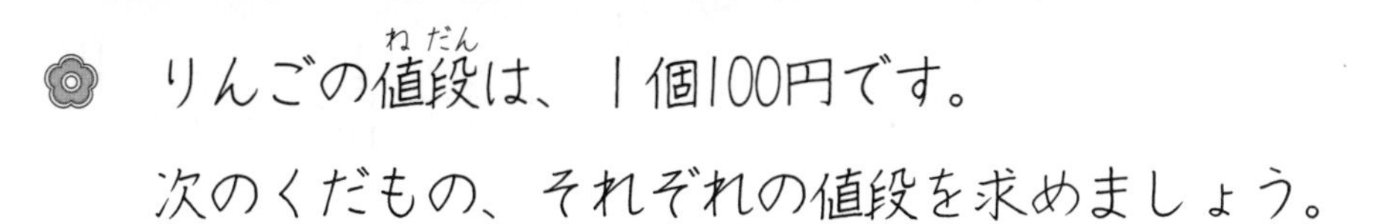

りんごの値段(ねだん)は、1個100円です。

次のくだもの、それぞれの値段を求めましょう。

① メロンの値段は、りんごの5倍です。

式

答え

② いちごの値段は、りんごの$\frac{6}{5}$倍です。

式

答え

③ みかんの値段は、りんごの$\frac{3}{5}$倍です。

式

答え

④ バナナの値段は、りんごの$\frac{4}{5}$倍です。

式

答え

6 分数のかけ算・わり算 ①

小数の0.1は分数で$\frac{1}{10}$に直せます。 $0.1=\frac{1}{10}$, $1.7=\frac{17}{10}$

1 次の小数を、分数で表しましょう。

① 0.3 ② 0.7

③ 1.1 ④ 1.3

⑤ 2.3 ⑥ 3.3

小数の0.2は分数で$\frac{1}{5}$に直せます。 $0.2=\frac{2}{10}=\frac{1}{5}$

2 次の小数を、分数で表しましょう。

① 0.5 ② 0.8

③ 1.2 ④ 1.5

⑤ 2.5 ⑥ 2.8

6 分数のかけ算・わり算 ②

名前

小数の0.01は分数で$\frac{1}{100}$に直せます。　$0.01=\frac{1}{100}$, $0.17=\frac{17}{100}$

1 次の小数を、分数で表しましょう。

① 0.03　② 0.07

③ 0.11　④ 0.13

⑤ 0.23　⑥ 0.21

小数の0.02は分数で$\frac{1}{50}$に直せます。　$0.02=\frac{2}{100}=\frac{1}{50}$

2 次の小数を、分数で表しましょう。

① 0.04　② 0.05

③ 0.16　④ 0.25

⑤ 0.36　⑥ 0.48

分数のかけ算・わり算 ③

次の計算をしましょう。

① $0.9 \times \frac{2}{3} = \frac{9}{10} \times \frac{2}{3} = \frac{\overset{3}{\cancel{9}} \times \overset{1}{\cancel{2}}}{\underset{5}{\cancel{10}} \times \underset{1}{\cancel{3}}}$

$= \frac{3}{5}$

② $0.6 \times \frac{1}{2} =$

③ $3.6 \times \frac{1}{6} =$

④ $\frac{1}{8} \times 4.8 =$

⑤ $\frac{2}{3} \times 0.6 =$

⑥ $\frac{1}{2} \times 0.4 =$

6 分数のかけ算・わり算 ④

名前

次の計算をしましょう。

① $0.2 \div \frac{2}{3} = \frac{2}{10} \div \frac{2}{3} = \frac{\overset{1}{\cancel{2}} \times 3}{10 \times \underset{1}{\cancel{2}}}$

$= \frac{3}{10}$

② $0.5 \div \frac{4}{5} =$

③ $1.5 \div \frac{3}{5} =$

④ $\frac{3}{7} \div 0.3 =$

⑤ $\frac{4}{5} \div 0.9 =$

⑥ $\frac{7}{5} \div 2.1 =$

7 角柱と円柱の体積 ①

次の図形の面積を求めましょう。

① 正方形

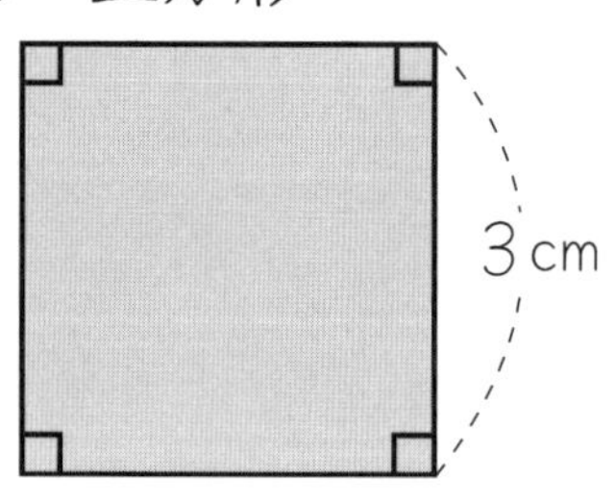

式

3×3＝9

答え

② 長方形

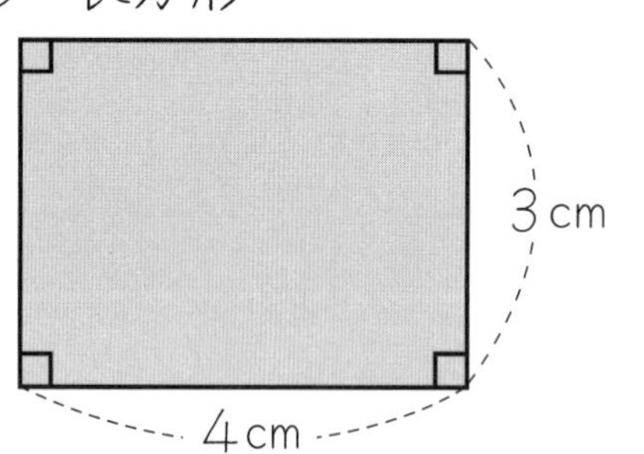

式

答え

③ 平行四辺形

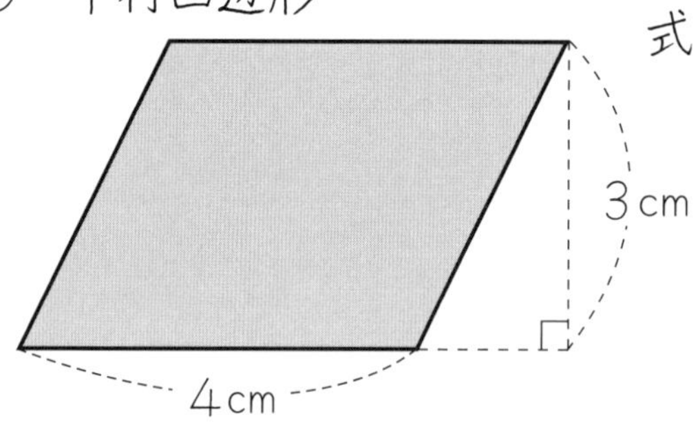

式

答え

④ 円

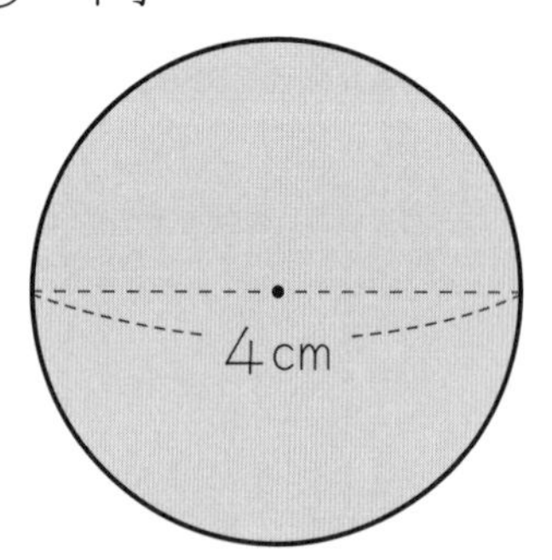

式

答え

7 角柱と円柱の体積 ②

名前

次の図形の面積を求めましょう。

① 三角形

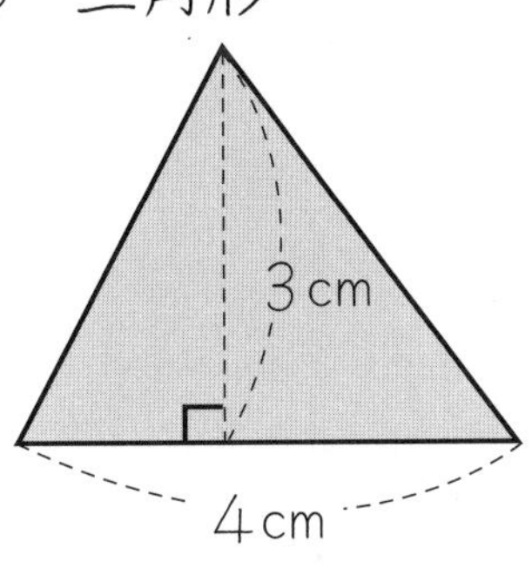

式

答え

② 台形

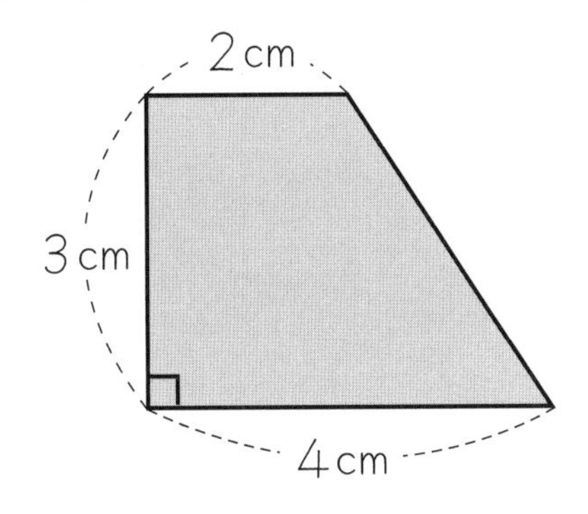

式

答え

③ ひし形

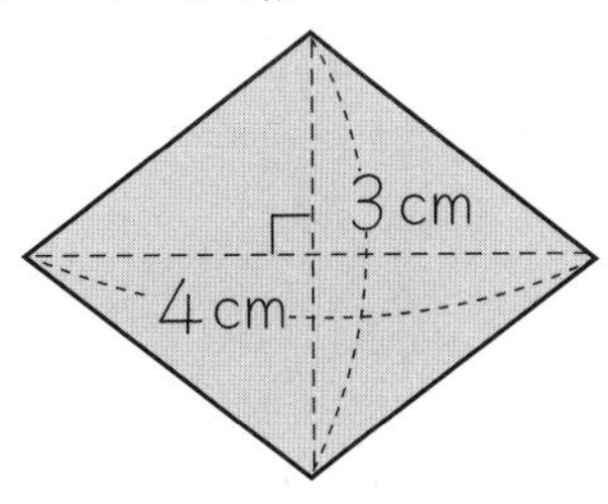

式

答え

④ 半円

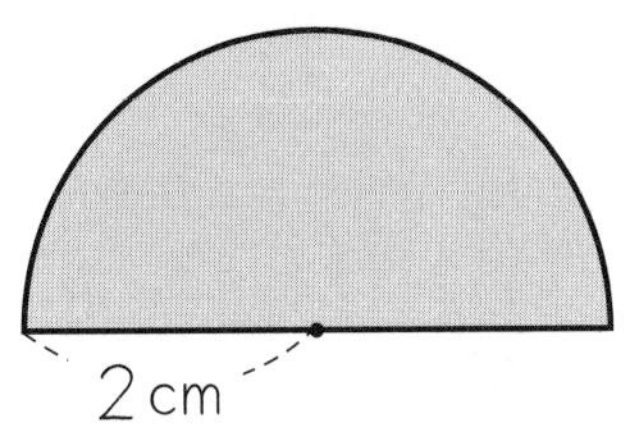

式

答え

7 角柱と円柱の体積 ③

名前

角柱の体積＝底面積×高さ

✿ 次の立体の体積を求めましょう。

①

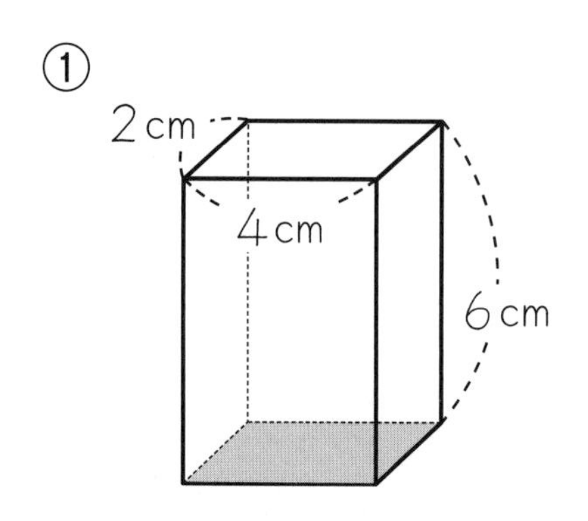

式

答え

②

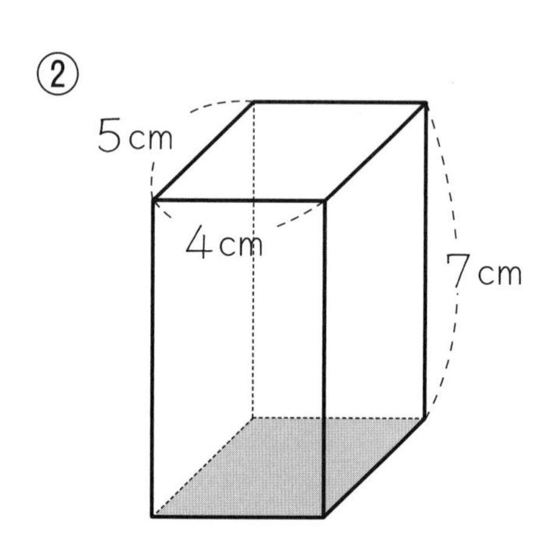

式

答え

③

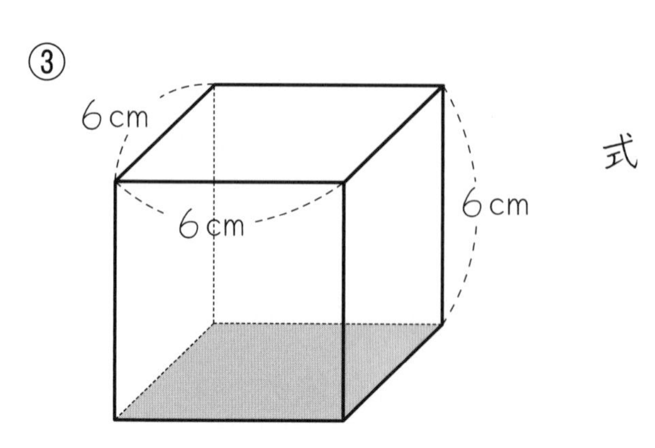

式

答え

7 角柱と円柱の体積 ④

名前

◎ 次の立体の体積を求めましょう。

①

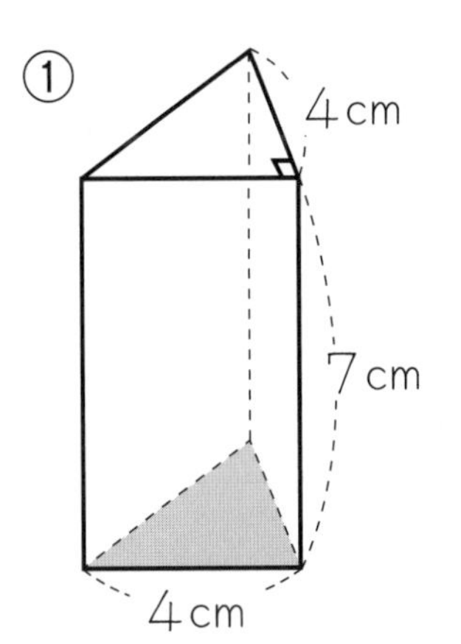

式

答え ＿＿＿＿＿＿

②

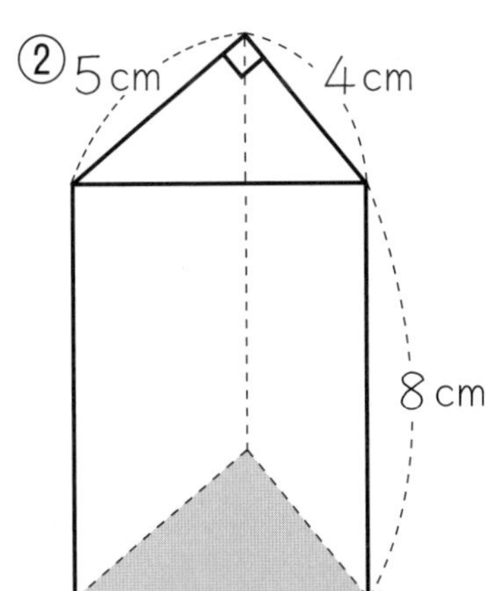

式

答え ＿＿＿＿＿＿

③

6cm

10cm

8cm

式

答え ＿＿＿＿＿＿

名前

次の立体の体積を求めましょう。

①

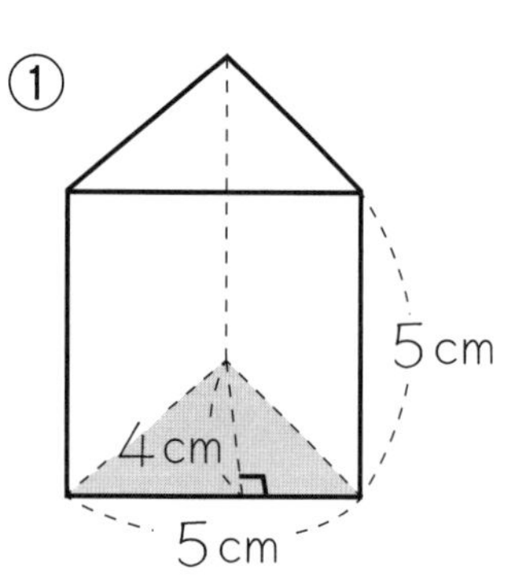

式

答え

②

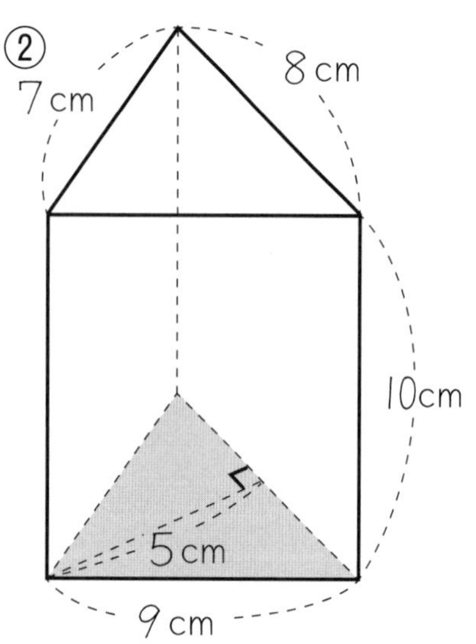

式

答え

③

8cm
9cm
15cm
5cm
11cm

式

答え

7 角柱と円柱の体積 ⑥

名前

円柱の体積＝底面積×高さ

次の立体の体積を求めましょう。

①

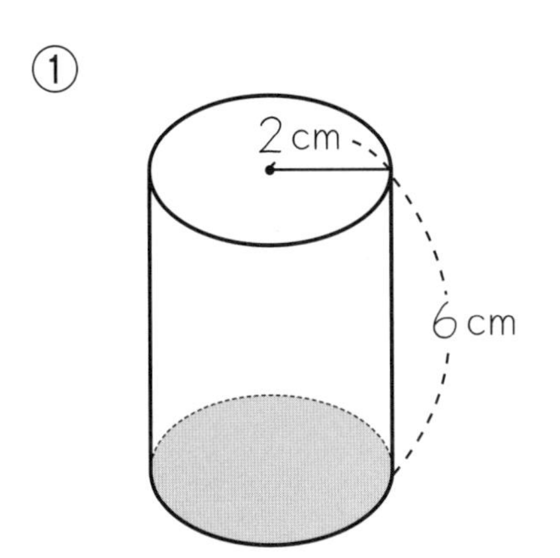

式

答え

②

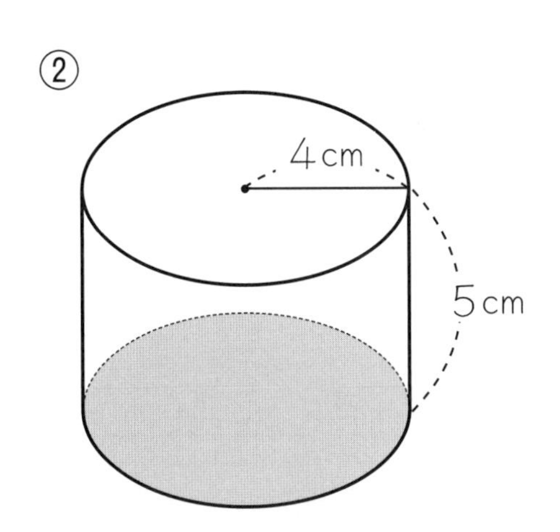

式

答え

③

1cm

10cm

式

答え

7 角柱と円柱の体積 ⑦

名前

次の立体の体積を求めましょう。

①

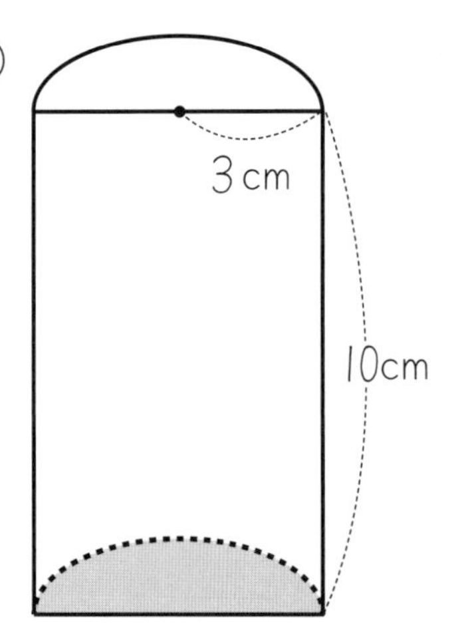

式

答え

②

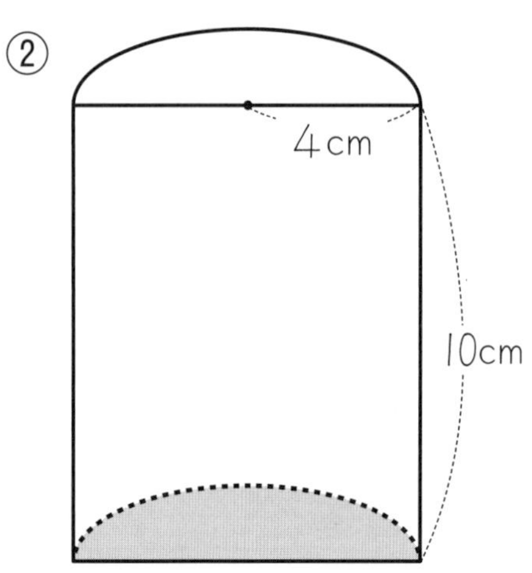

式

答え

③

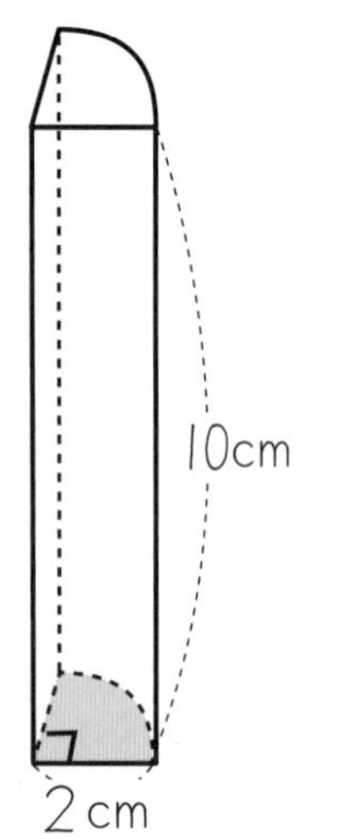

式

答え

次の立体の体積を求めましょう。

①

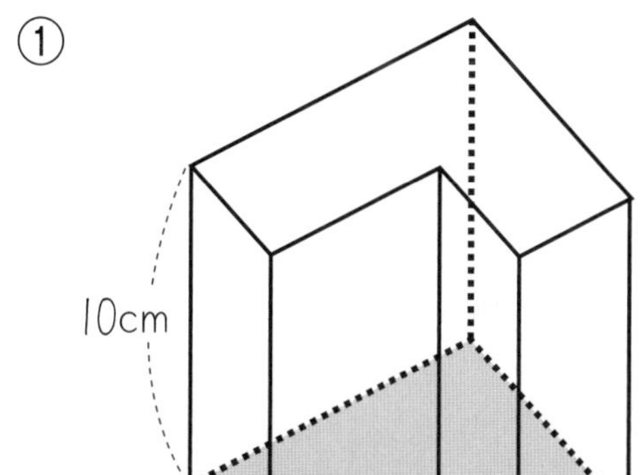

式

答え

②

2cm
2cm
10cm
3cm
3cm
3cm

式

答え

③

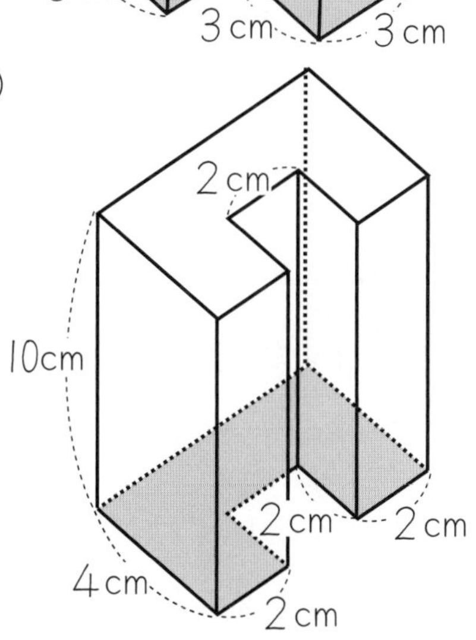

式

答え

角柱と円柱の体積 ⑨

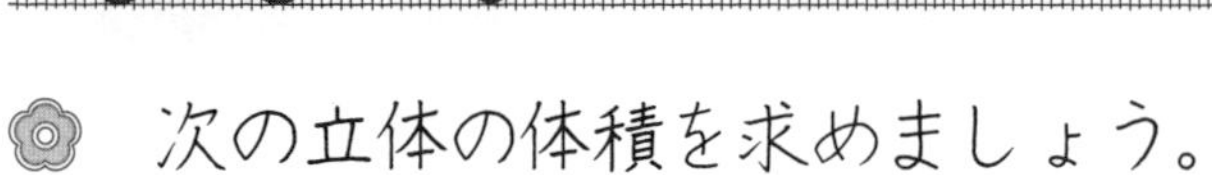

次の立体の体積を求めましょう。

①

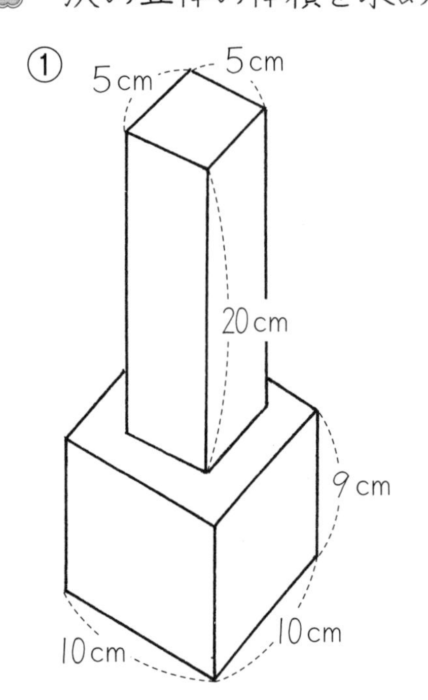

式

答え

②

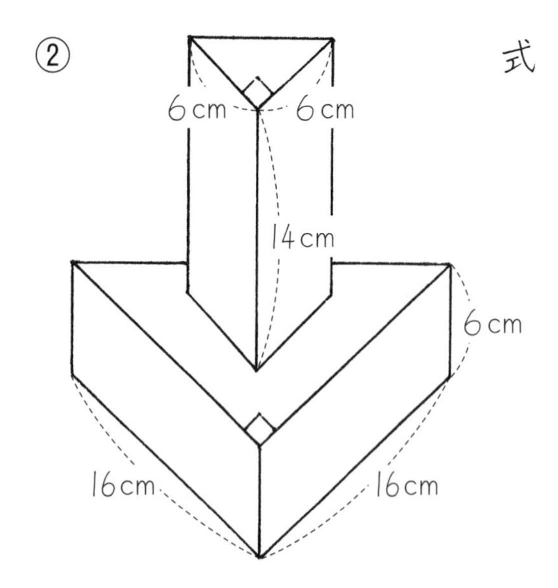

式

答え

7 角柱と円柱の体積 ⑩

次の立体の体積を求めましょう。

①

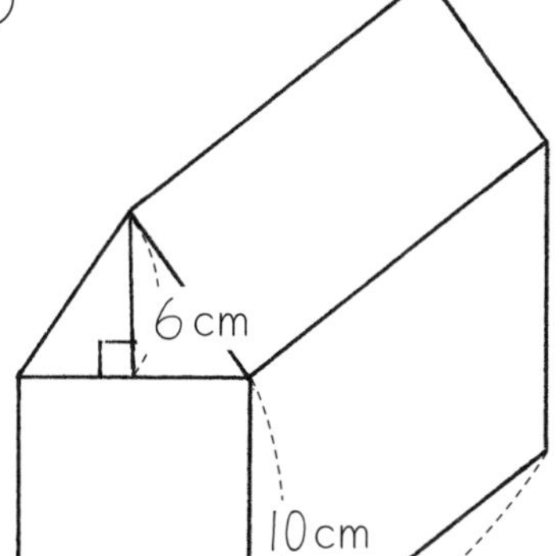

式

答え

②

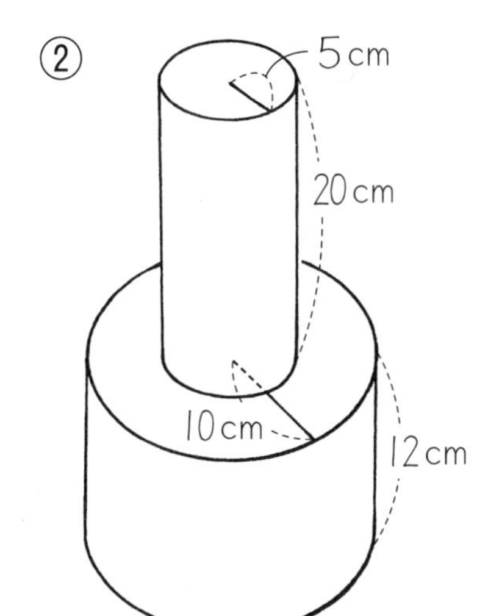

式

答え

8 およその面積や体積 ①

名前 

✿ およその形をもとにして、およその面積を求めましょう。

①

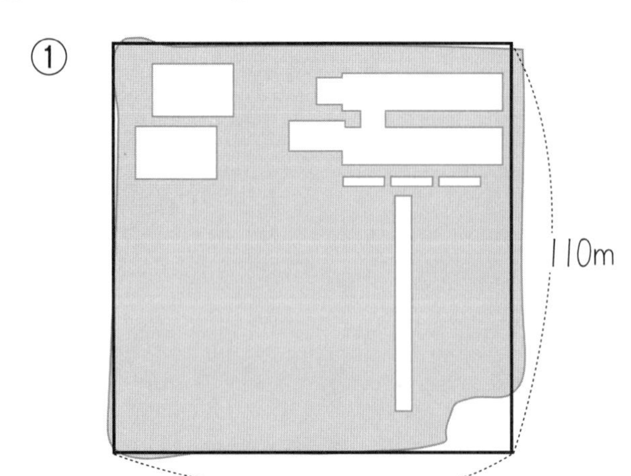

[およその形]

（　正方形　）

式

110×110＝12100

答え ＿＿＿＿＿＿＿＿

②

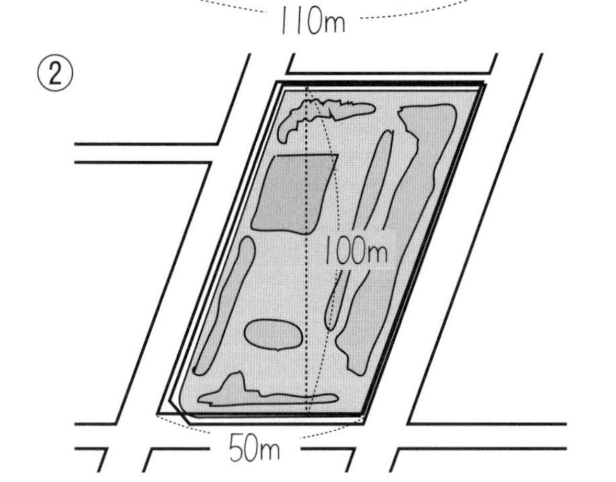

[およその形]

（　　　　）

式

答え ＿＿＿＿＿＿＿＿

③

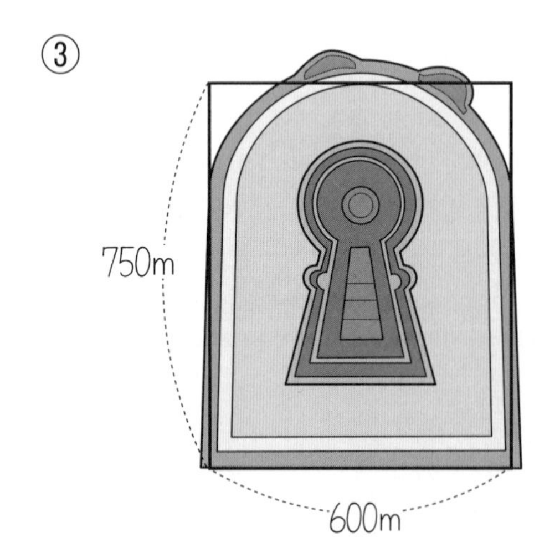

[およその形]

（　　　　）

式

答え ＿＿＿＿＿＿＿＿

8 およその面積や体積 ②

およその形をもとにして、およその面積を求めましょう。

①

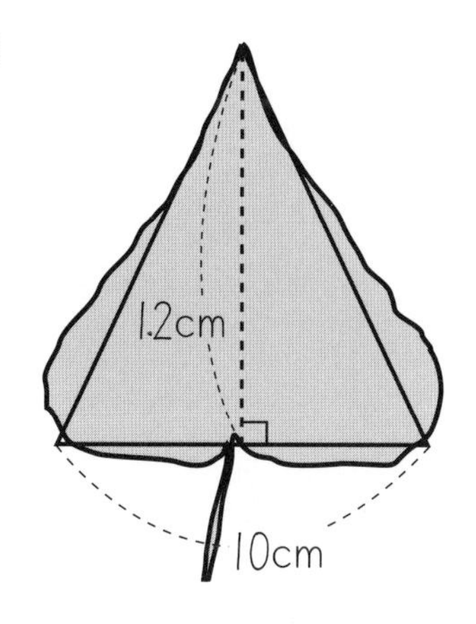

［およその形］

（　　　　　）

式

答え

②

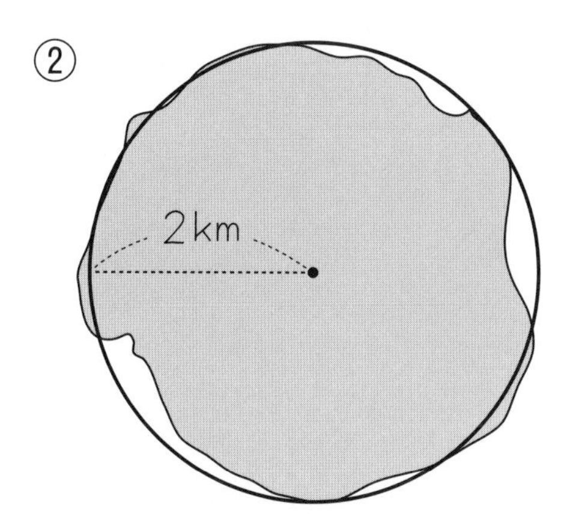

［およその形］

（　　　　　）

式

答え

③

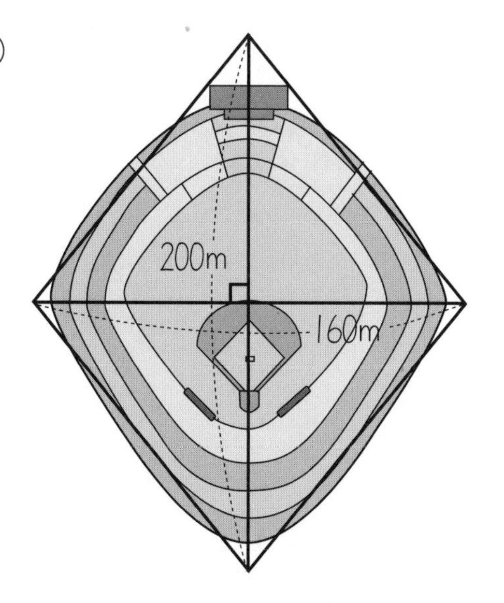

［およその形］

（　　　　　）

式

答え

およその面積や体積 ③

おおよその形をもとにして、およその体積を求めましょう。

①

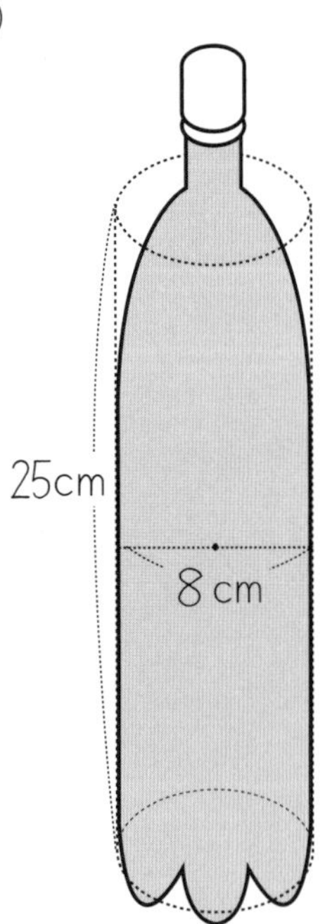

[およその形]

(　　　　　　)

式

$4 \times 4 \times 3.14 \times 25 = 1256$

答え ＿＿＿＿＿＿

②

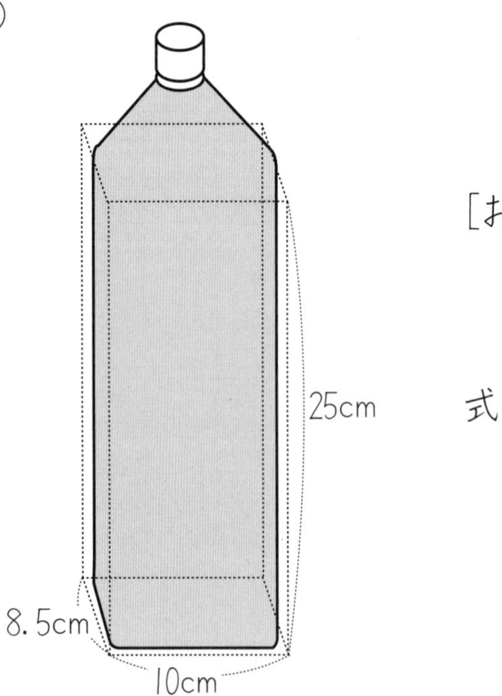

[およその形]

(　　　　　　)

式

答え ＿＿＿＿＿＿

およその面積や体積 ④

✿ およその形をもとにして、およその体積を求めましょう。

① ランドセル

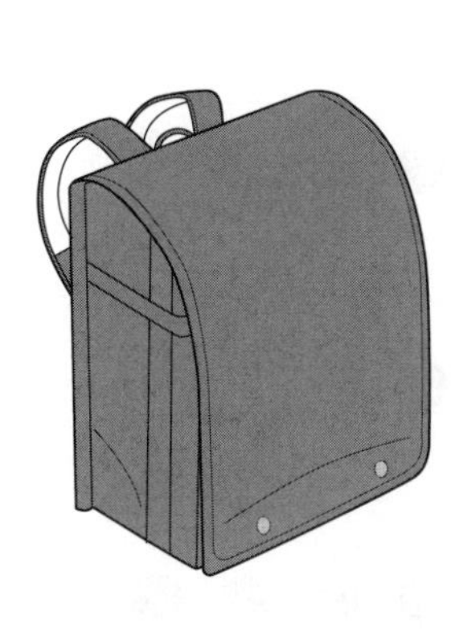

30cm
15cm
22cm

[およその形]

(　　　　　　)

式

答え ＿＿＿＿＿＿＿＿

② チーズケーキ

[およその形]

(　　　　　　)

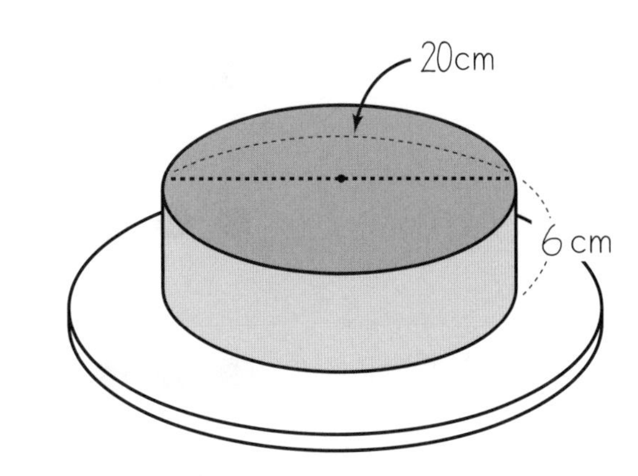

式

答え ＿＿＿＿＿＿＿＿

9 比とその利用 ①

1 ○と●の割合(わりあい)を、比で表しましょう。

① ○　　●●　　（ 1：2 ）

② ○○○　　●●●●　　（　　　）

③ ○○○　　●●　　（　　　）

④ ○○　　●●●●●　　（　　　）

⑤ ○○○　　●　　（　　　）

2 ○と●の割合を、簡単(かんたん)な比で表しましょう。

① ○○　　●●●●　　2：4→（ 1：2 ）

② ○○○　　●●●　　（　　　）

③ ○○　　●●●●●●　　（　　　）

④ ○○○　　●●●●●●　　（　　　）

⑤ ○○○○　●●●●●●●●　　（　　　）

⑥ ○○○○　●●●●●●　　（　　　）

9 比とその利用 ②

1 次の比の値(あたい)を求めましょう。

① 2：3　　2：3→ 2 ÷ 3 ＝ $\frac{2}{3}$

② 3：10　　3：10→ 　÷　 ＝

③ 4：9　　4：9→ 　÷　 ＝

④ 5：13　　5：13→ 　÷　 ＝

⑤ 8：7　　8：7→ 　÷　 ＝

2 次の比の値を求め、分数で表しましょう。

① 2：4　　2：4→ 2 ÷ 4 ＝ $\frac{2}{4}$ ＝ $\frac{1}{2}$

② 3：6　　3：6→ 　÷　 ＝

③ 4：8　　4：8→ 　÷　 ＝

④ 5：20　　5：20→ 　÷　 ＝

⑤ 10：25　　10：25→ 　÷　 ＝

⑥ 4：6　　4：6→ 　÷　 ＝

9 比とその利用 ③

名前

[1] 等しい比に○をつけましょう。

①

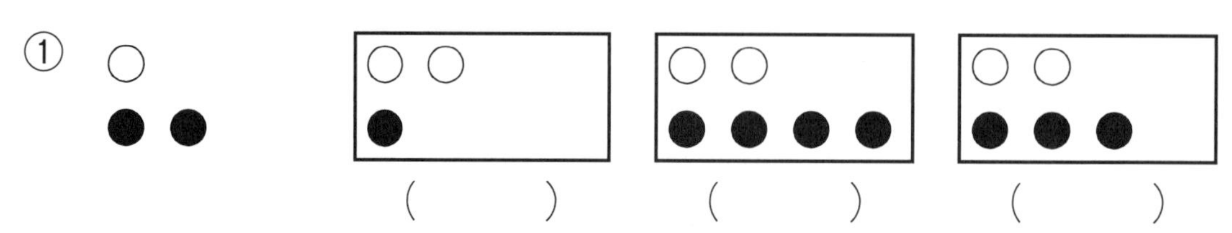

(　　)　(　　)　(　　)

②

③

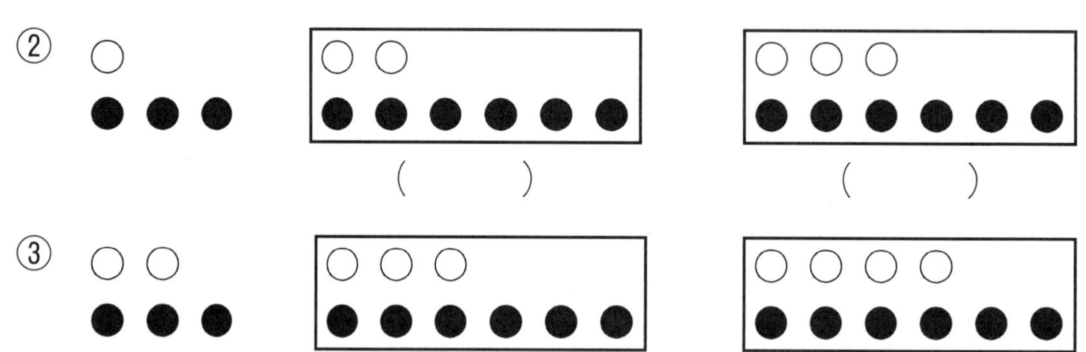

(　　)　(　　)

(　　)　(　　)

[2] 比の値(あたい)を求めて、等しい比を見つけましょう。

㋐ 1：2	㋑ 6：9	㋒ 8：6
㋓ 4：6	㋔ 16：12	㋕ 5：10

(　と　)　(　と　)　(　と　)

[3] ２つの比が等しい場合は＝、ちがう場合は×をかきましょう。

① 1：2 □ 2：4	② 4：5 □ 5：6
③ 2：3 □ 3：2	④ 5：6 □ 10：12
⑤ 3：4 □ 6：8	⑥ 3：4 □ 12：20

9 比とその利用 ④

1 等しい比を見つけ、○をつけましょう。

① 6：8

（　）3：2　（　）30：40
（　）3：4　（　）18：16

② 12：8

（　）6：2　（　）24：16
（　）6：4　（　）3：2

③ 12：18

（　）4：6　（　）2：3
（　）6：2　（　）24：36

2 等しい比になるように、□に数をかきましょう。

① 1：2＝2：[4]　（×2）

② 2：3＝4：□

③ 3：4＝9：□

④ 4：5＝□：20

⑤ 5：6＝□：48

⑥ 6：7＝□：49

⑦ 1：□＝2：6　（÷2）

⑧ 2：□＝4：10

⑨ 3：□＝9：27

⑩ □：5＝16：10

⑪ □：6＝40：30

⑫ □：7＝54：42

9 比とその利用 ⑤

名前

1 図を見て大きな数の比にしましょう。

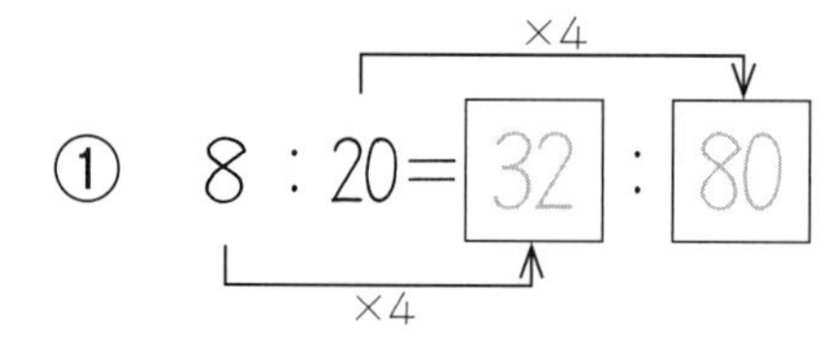

① 8：20＝ 32 ： 80 （×4）

② 4：12＝ ： （×2）

③ 12：9＝ ： （×3）

④ 6：15＝ ： （×5）

2 図を見て小さな数の比にしましょう。

① 8：12＝ ： （÷4）

② 15：25＝ ： （÷5）

3 比を簡単（かんたん）にしましょう。

① 6：9＝2：

② 12：15＝ ：

③ 6：21＝ ：

④ 9：15＝ ：

⑤ 20：32＝ ：

⑥ 16：18＝ ：

⑦ 24：16＝ ：

⑧ 32：24＝ ：

⑨ 18：42＝ ：

⑩ 20：36＝ ：

9 比とその利用 ⑥

1 次の比を簡単にしましょう。

① 20：15＝4：　　② 6：18＝

③ 8：12＝　　④ 18：15＝

⑤ 24：16＝　　⑥ 36：24＝

⑦ 20：60＝　　⑧ 28：49＝

⑨ 45：60＝　　⑩ 63：81＝

2 次の割合(わりあい)を簡単な比で表しましょう。

① 辺アイと辺イウと辺アウの長さの比。

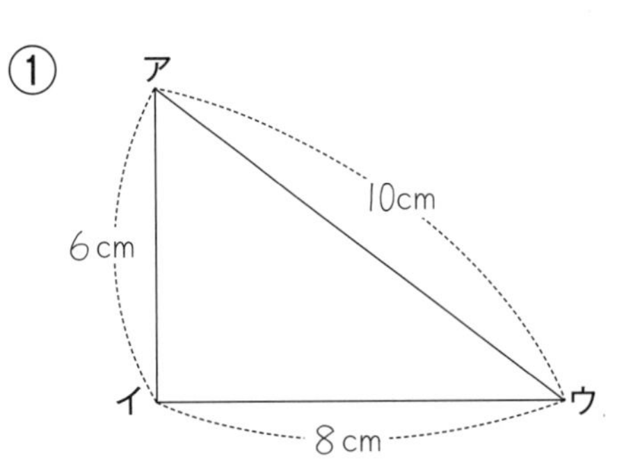

答え 6：8：10＝3：4：5

② 辺アイと辺イウと辺アウの長さの比。

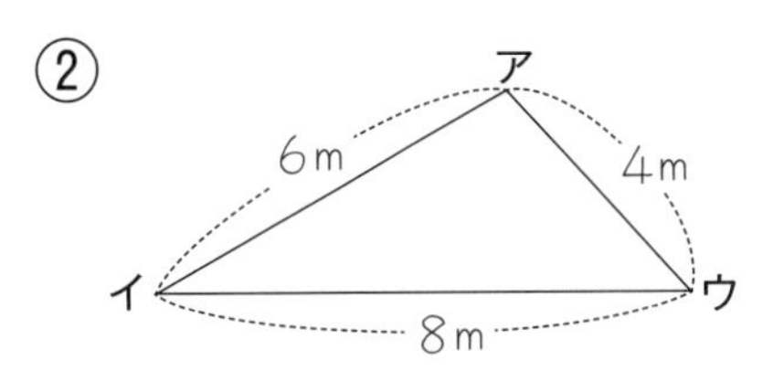

答え

小数で表された比を、整数の比で表しましょう。

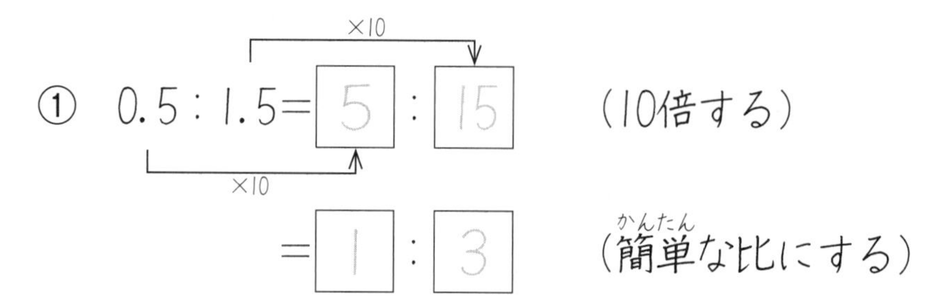

② 0.3：3.7＝

③ 3.1：0.2＝

④ 0.4：1.2＝

⑤ 0.6：0.9＝

⑥ 1.4：3.5＝

⑦ 1.6：2.4＝

⑧ 0.04：0.13＝

分数で表された比を、整数の比で表しましょう。

① $\frac{3}{5} : \frac{2}{3} = \boxed{9} : \boxed{10}$ （分母の公倍数をかける）

（$\frac{3}{5}$ ×15 → 9、$\frac{2}{3}$ ×15 → 10）

② $\frac{1}{2} : \frac{2}{3} =$

③ $\frac{2}{5} : \frac{1}{3} =$

④ $\frac{1}{3} : \frac{2}{9} =$

⑤ $\frac{3}{8} : \frac{1}{4} =$

⑥ $\frac{4}{9} : \frac{1}{6} =$

⑦ $\frac{3}{4} : \frac{5}{6} =$

⑧ $\frac{2}{5} : \frac{2}{7} =$

9 比とその利用 ⑨

名前

1 □にあてはまる数をかきましょう。

① $2:3=\square:6$ （×2, ×2）

② $6:4=\square:12$

③ $12:9=\square:3$

④ $5:6=15:\square$ （×3, ×3）

⑤ $6:30=2:\square$

⑥ $24:27=8:\square$

2 xにあてはまる数をかきましょう。

① $3:2=x:8$ （×4）

$x=$

② $24:18=x:3$

$x=$

③ $20:12=5:x$ （÷4）

$x=$

④ $3:4=24:x$

$x=$

⑤ $18:x=6:5$ （×3）

$x=$

⑥ $16:x=4:5$

$x=$

9 比とその利用 ⑩

名前

1 縦（たて）と横の長さの比が、5：6のカードをつくります。
縦の長さを15cmにすると、横の長さは何cmになりますか。

縦　横
式　5：6＝15：□

答え

2 小麦粉とそば粉の比が2：8のそばをつくります。
そば粉が400gのとき、小麦粉の重さは何gになりますか。

小麦　そば
式

答え

3 コーヒーと牛乳（ぎゅうにゅう）の比、5：3でコーヒー牛乳をつくります。
コーヒーを10dLにすると、牛乳の量は何dLになりますか。

式

答え

9 比とその利用 ⑪

名前

ケーキ生地を450gつくろうと思います。
砂糖と小麦粉を４：５の割合で混ぜます。
砂糖：小麦粉：ケーキ生地＝４：５：９
になります。

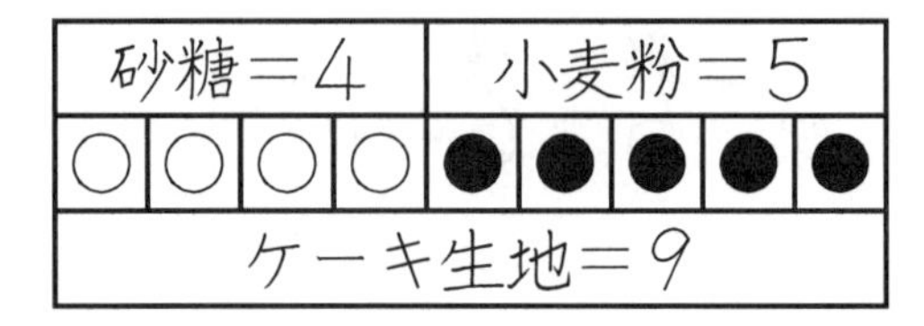

砂糖＝４				小麦粉＝５				
○	○	○	○	●	●	●	●	●
ケーキ生地＝９								

① 砂糖は何g必要か、式をかきましょう。

式 ４：９＝□：450

② ①の式をときましょう。

答え ＿＿＿＿＿＿

③ 小麦粉は何g必要か、式をかきましょう。

式

④ ③の式をときましょう。

答え ＿＿＿＿＿＿

⑤ 小麦粉の量は、②の値を利用してもよい。

式 450−200

答え ＿＿＿＿＿＿

9 比とその利用 ⑫

名前

1 ミルクティーを1600mLつくろうと思います。
牛乳(ぎゅうにゅう)と紅茶(こうちゃ)を3：5の割合で混ぜるとき、牛乳は何mL必要ですか。

式

答え

2 ハンバーグを400gつくろうと思います。ぶた肉と牛肉を4：6の割合で混ぜるとき、牛肉は何g必要ですか。

式

答え

3 三杯酢(さんばいず)を600mLつくろうと思います。酢(す)と砂糖としょう油を4：1：1の割合で混ぜるとき、酢は何mL必要ですか。

式

答え

10 拡大図と縮図 ①

名前

㋐と形が同じ図形を選びましょう。

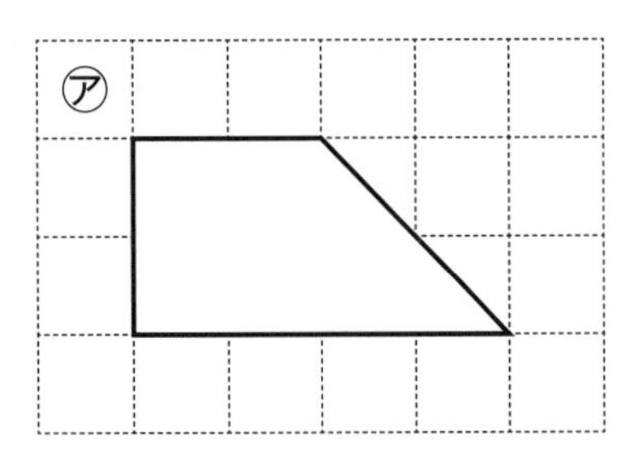

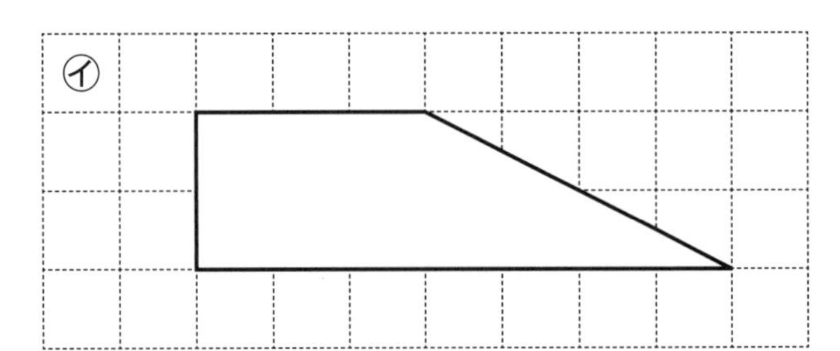

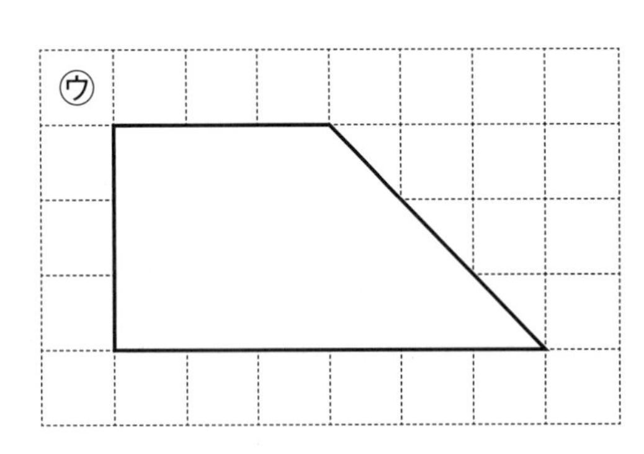

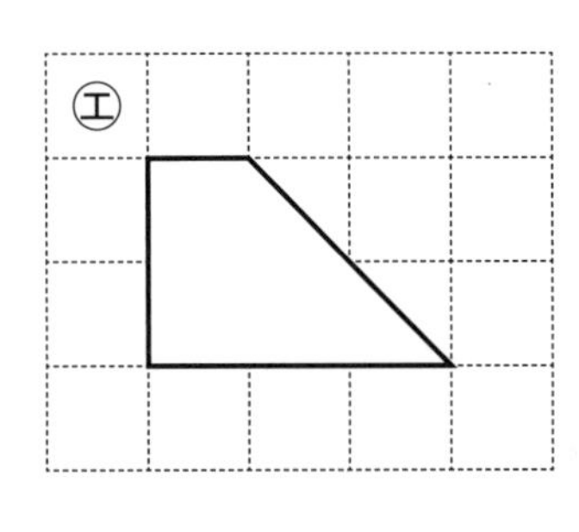

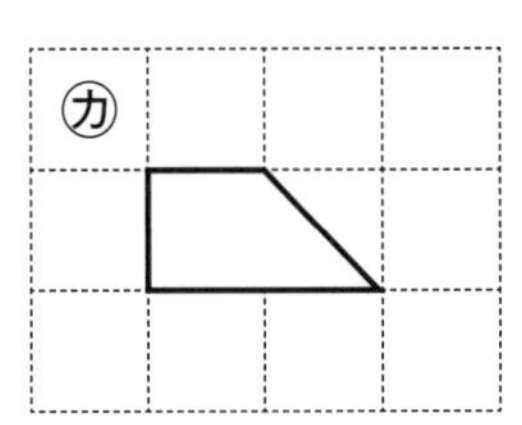

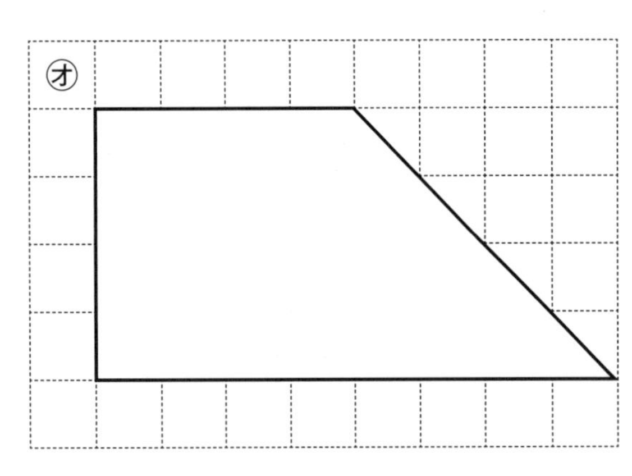

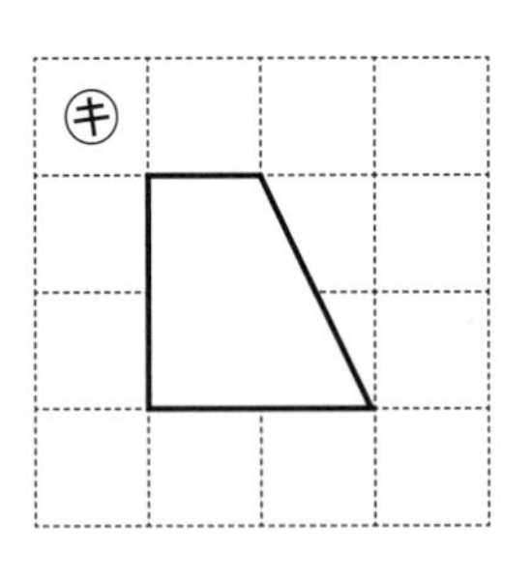

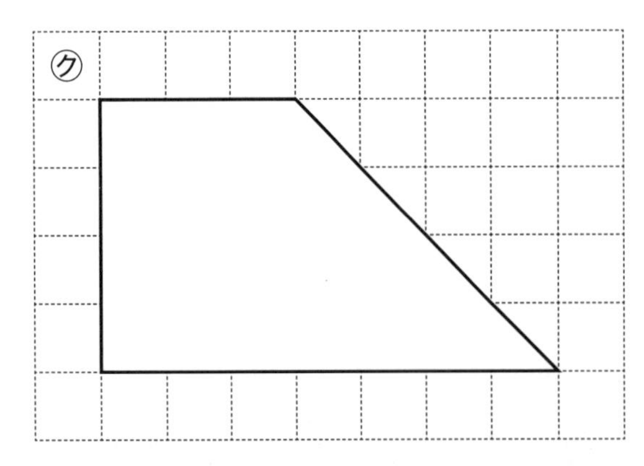

㋒ と　　と

10 拡大図と縮図 ②

名前

1 ㋐の何分の１の縮図ですか。

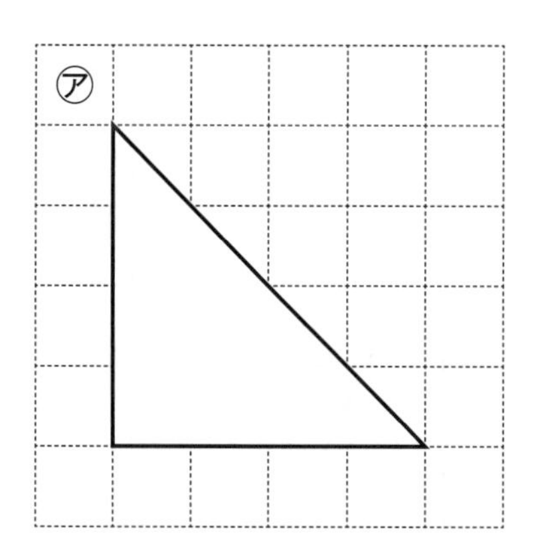

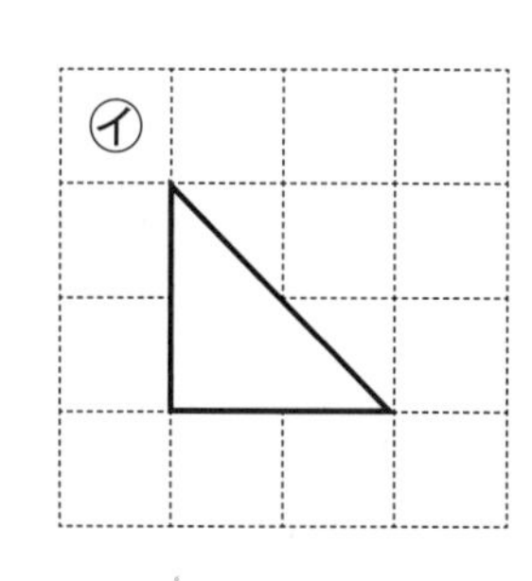

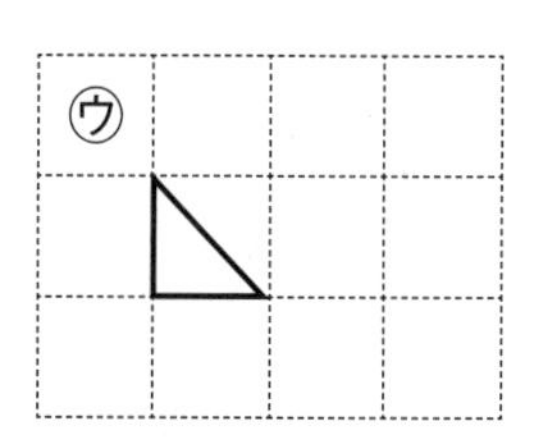

（ $\frac{1}{2}$ の縮図 ） （ — ）

2 ㋐の何倍の拡大図ですか。

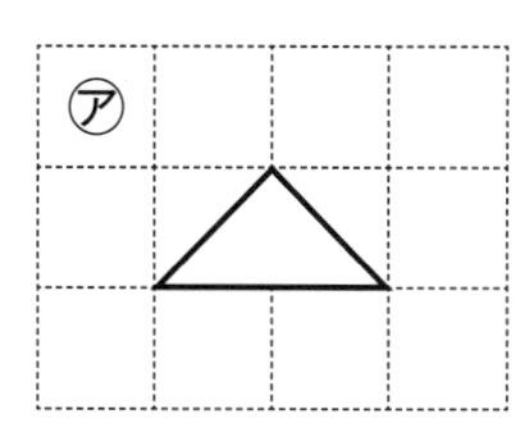

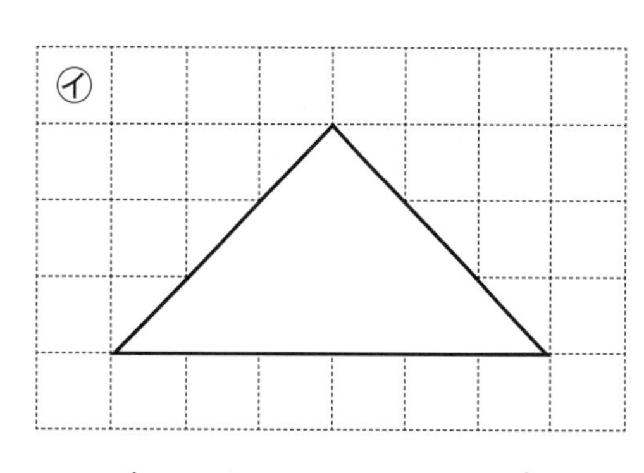

（ 倍の拡大図）

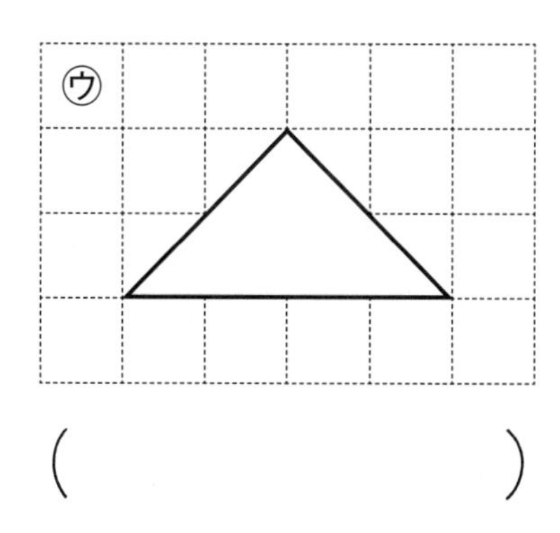

（ ）

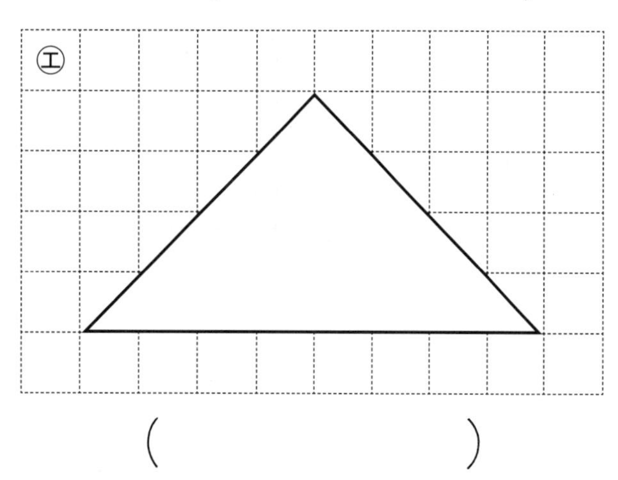

（ ）

10 拡大図と縮図 ③

名前

1 図から、㋐の三角形の拡大図、縮図を選びましょう。

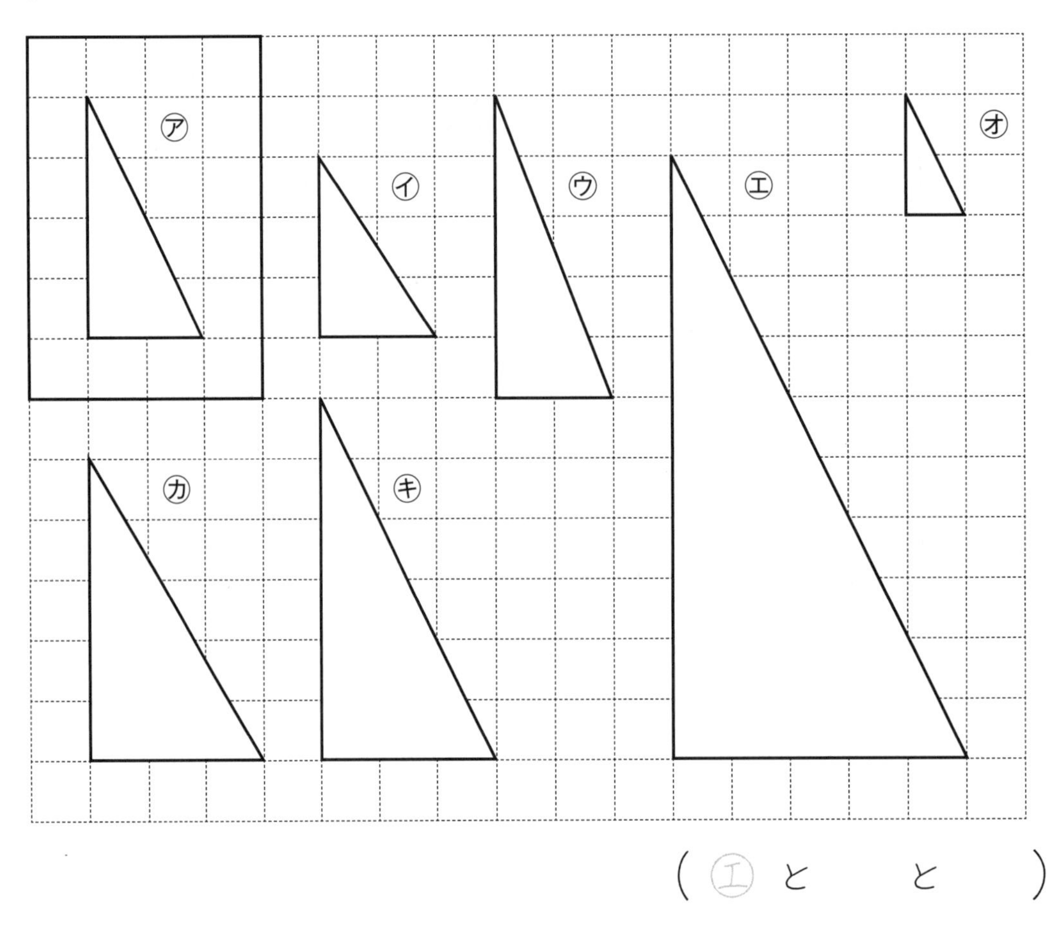

（ ㋓ と 　 と 　）

2 図から、㋐の長方形の拡大図を選びましょう。

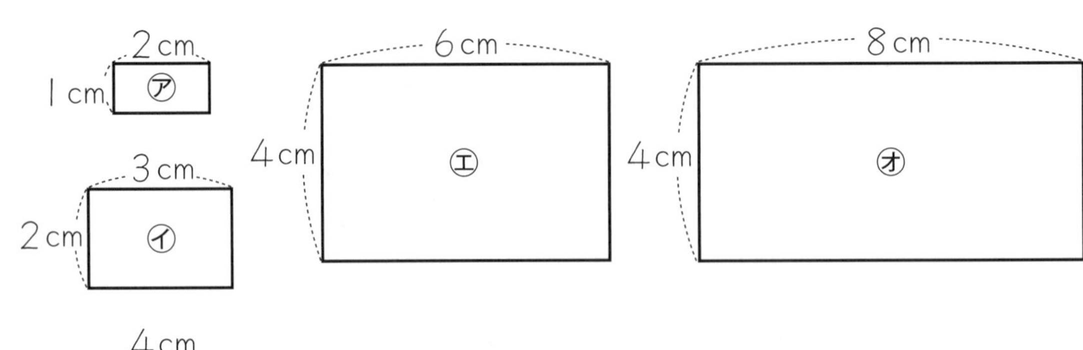

（ 　 と 　）

1　図の長方形の２倍の拡大図、３倍の拡大図をかきましょう。

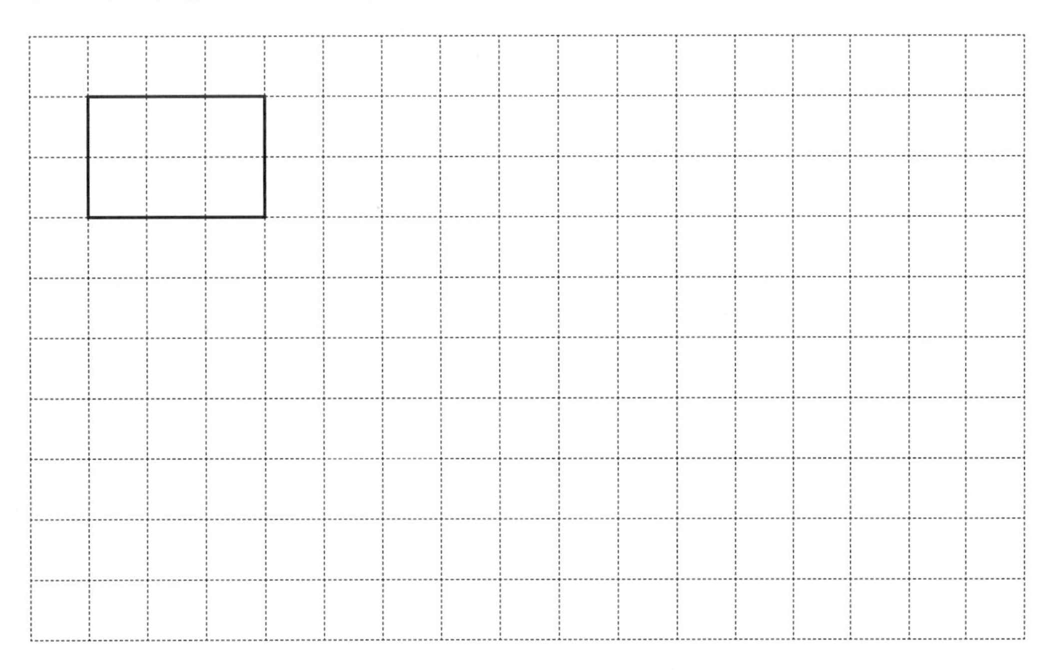

2　図の平行四辺形の２倍の拡大図、３倍の拡大図をかきましょう。

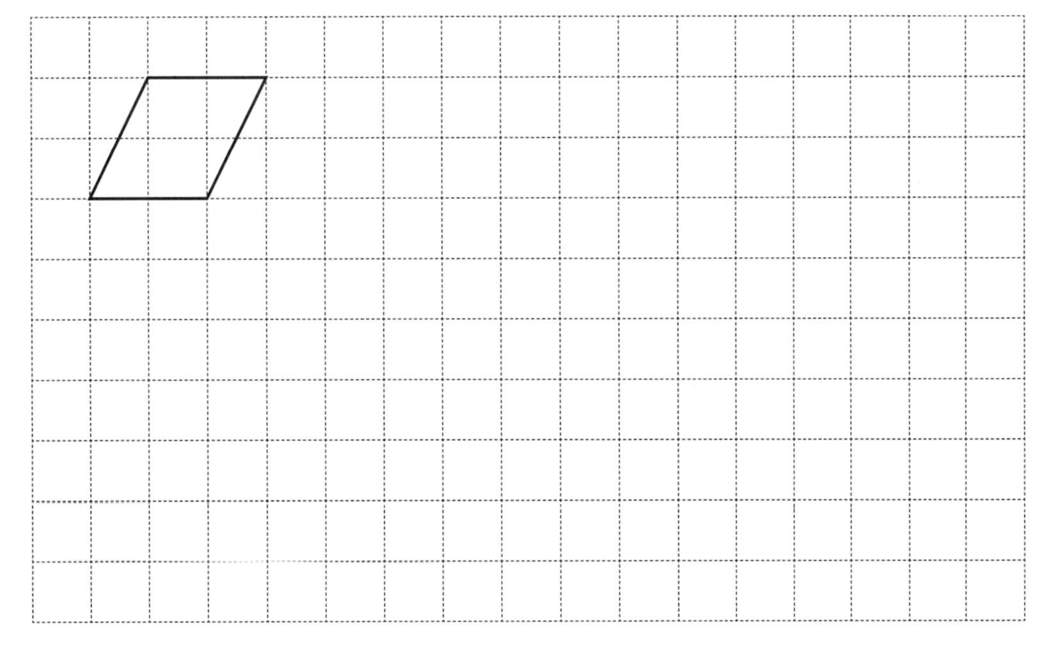

10 拡大図と縮図 ⑤

名前

図㋐の2倍の拡大図が㋑です。長さや角度を求めましょう。

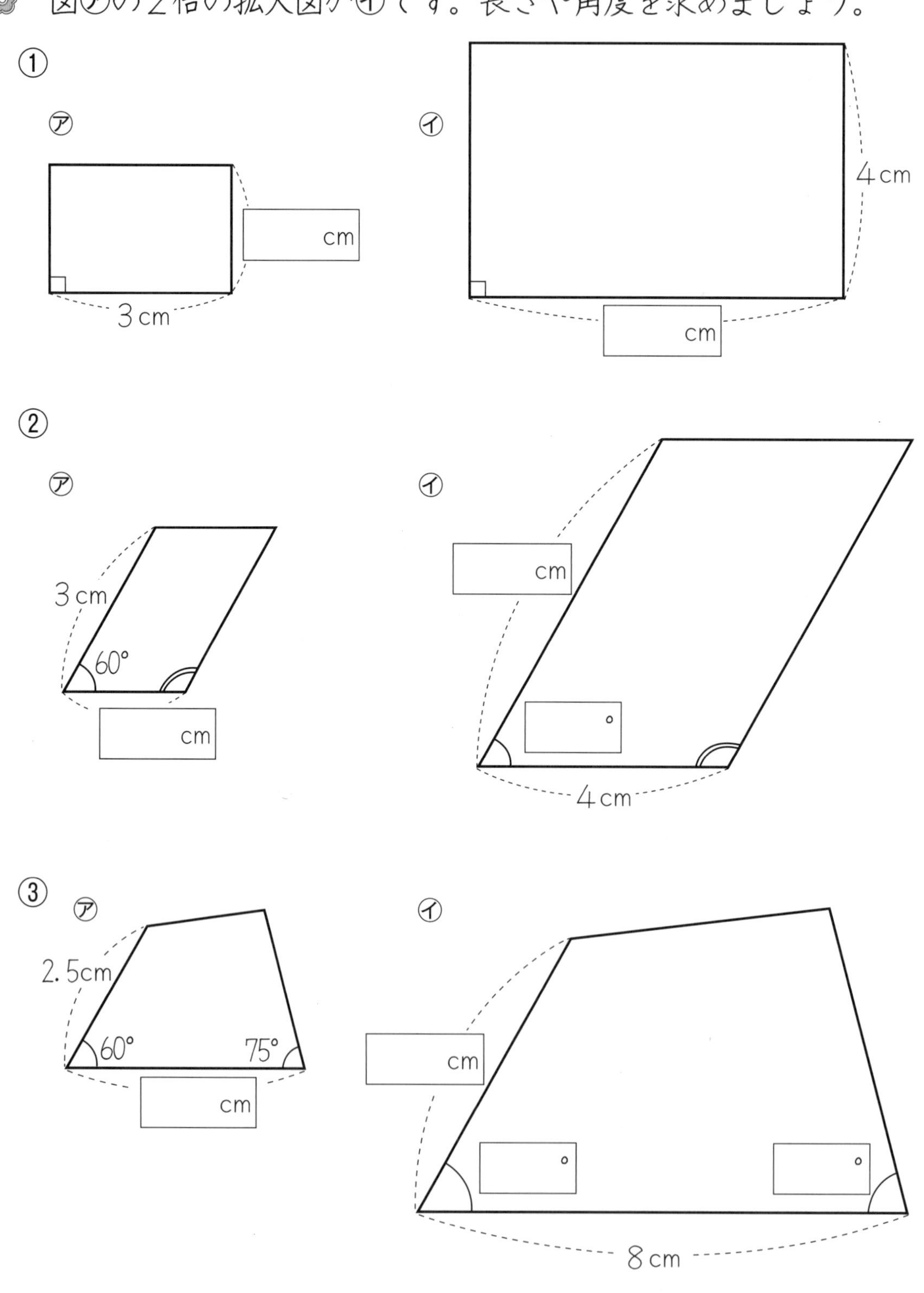

□1 三角形ABCの２倍の拡大図をかきましょう。

①

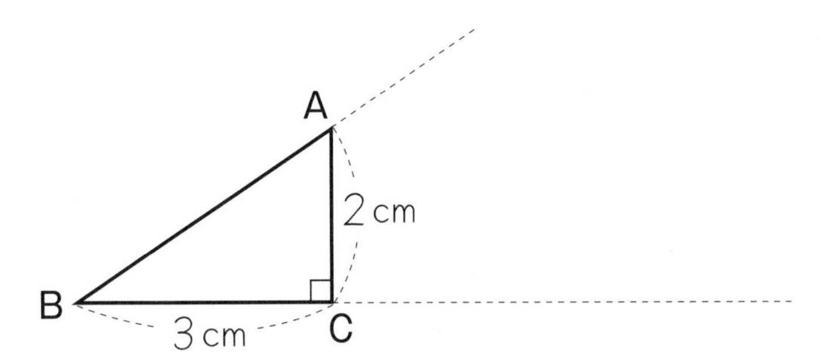

②

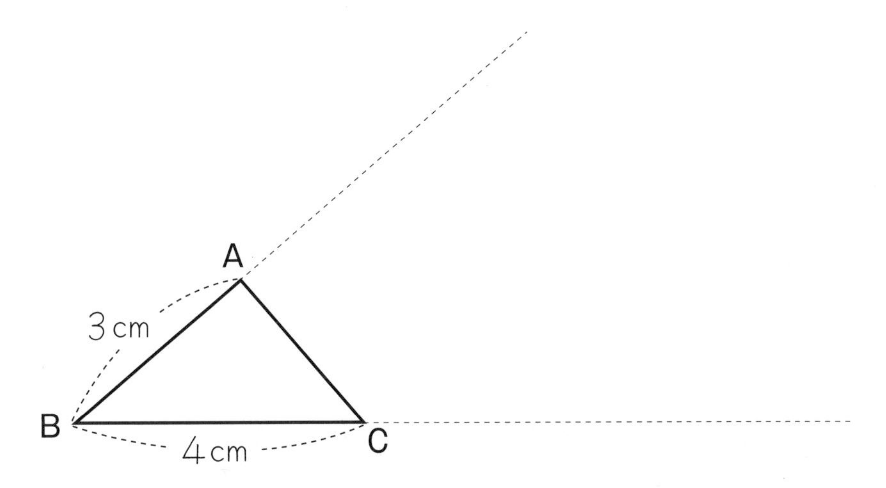

□2 四角形ABCDの２倍の拡大図をかきましょう。

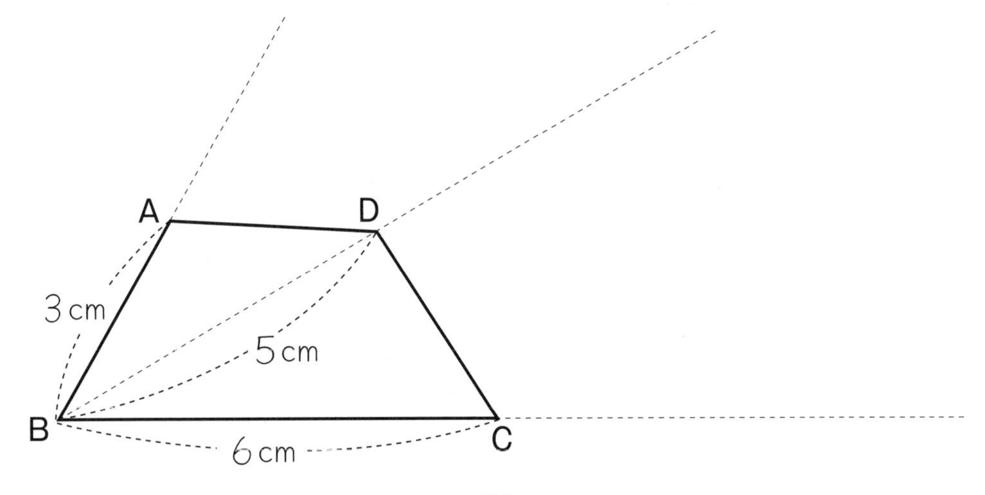

1 三角形ABCの$\frac{1}{2}$の縮図をかきましょう。

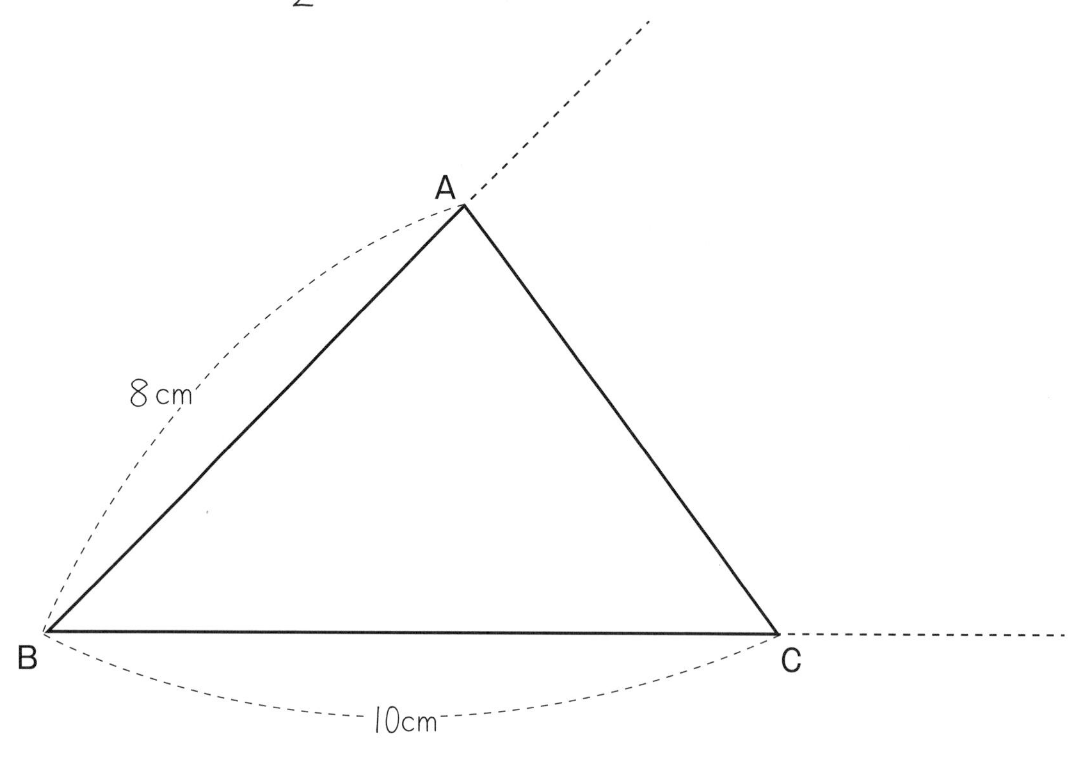

2 四角形ABCDの$\frac{1}{2}$の縮図をかきましょう。

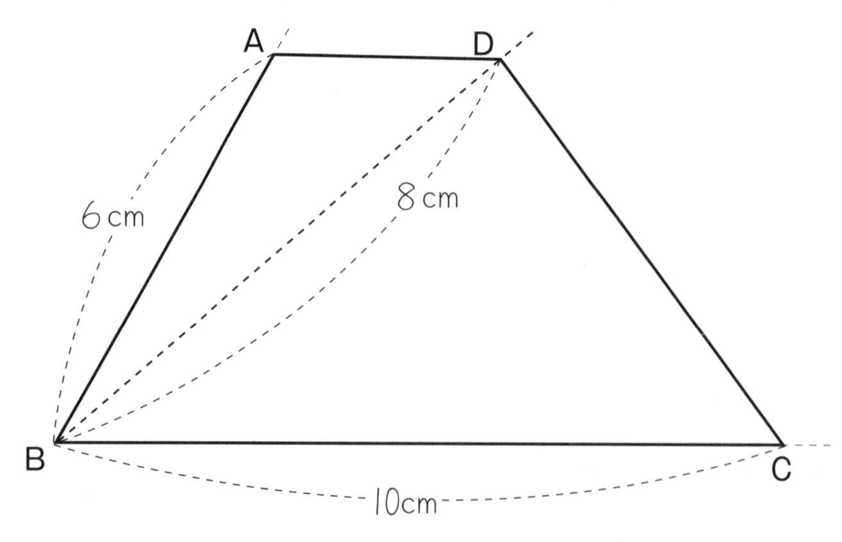

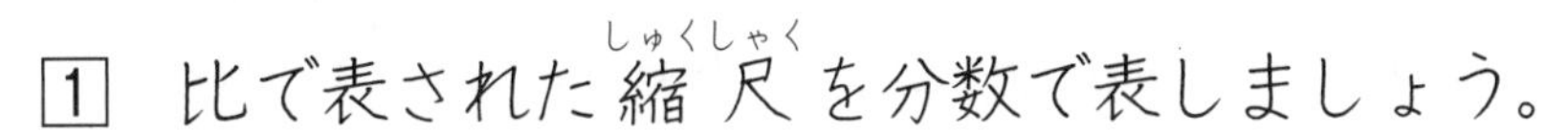

1 比で表された縮尺（しゅくしゃく）を分数で表しましょう。

① 1：1000 → $\frac{1}{1000}$　　② 1：15000 → ―――

2 分数で表された縮尺を比で表しましょう。

① $\frac{1}{50000}$ → 　：　　② $\frac{1}{144}$ → 　：

3 1：1000 の縮尺の地図で、5cmの長さの道があります。実際の道の長さは何mですか。

式 5×1000＝5000
5000cm＝50m

答え ＿＿＿＿＿

4 1：10000 の縮尺の地図で、9cmの長さの道があります。実際の道の長さは何mですか。

式

答え ＿＿＿＿＿

5 $\frac{1}{12000}$ の縮尺の地図で、2cmの長さの道があります。実際の道の長さは何mですか。

式

答え ＿＿＿＿＿

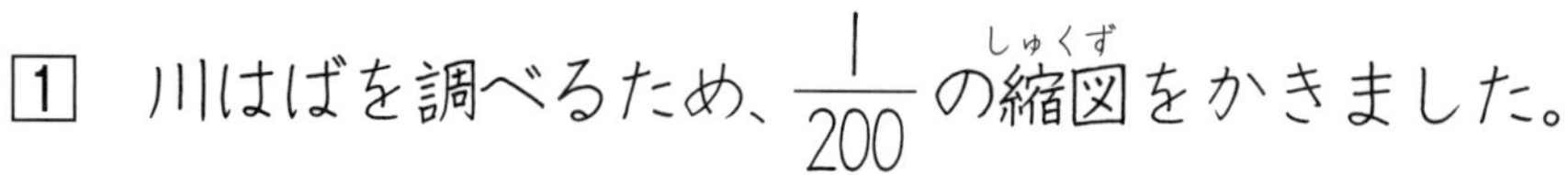

1 川はばを調べるため、$\frac{1}{200}$の縮図(しゅくず)をかきました。

① 図からABの長さをかきましょう。

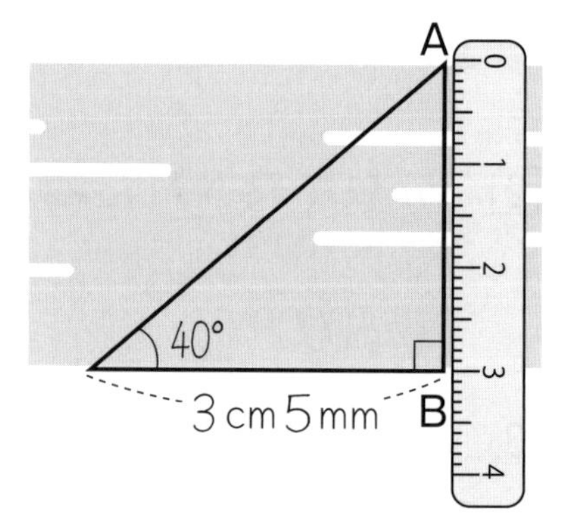

答え

② ABの実際の長さは何mですか。

式

答え

2 学校のまわりの道を$\frac{1}{2000}$の縮図にしました。

縮図ではCDの長さは6cmでした。実際のCDのきょりは何mですか。

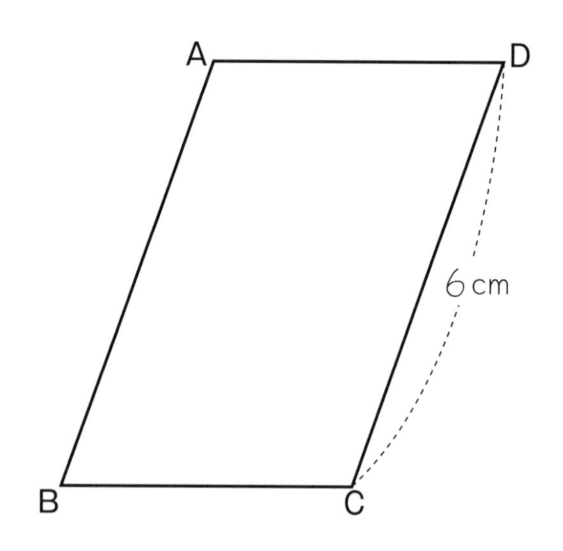

式

答え

10 拡大図と縮図 ⑩

名前

木の高さを調べるため $\frac{1}{200}$ の縮図をかきました。
次の問いに答えましょう。

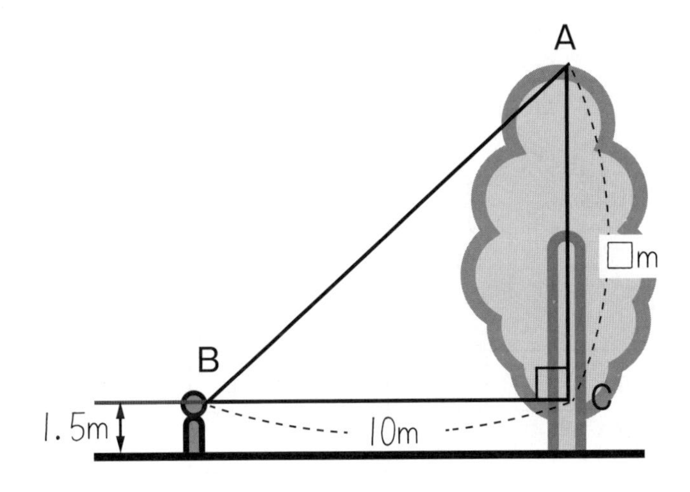

① ACの長さをはかりましょう。(cm)

答え

② ACの実際の長さは何mですか。

式

答え

③ 木全体の高さは何mですか。

式

答え

11 比例と反比例 ①

名前

ともなって変わる2つの量について、xの値(あたい)が、2倍、3倍、……になると、yの値も2倍、3倍、……になるとき、yはxに **比例する** といいます。

底辺の長さが4cmの平行四辺形で、高さを$x$cm、面積を$y$cm²として、2つの量の関係を調べましょう。

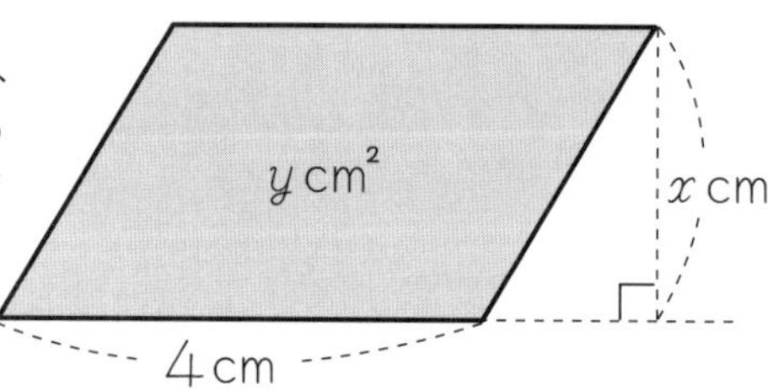

① 表を完成させましょう。

高さ x（cm）	1	2	3	4	5	6	7	8	
面積 y（cm²）	4								

② xの値が2倍、3倍、……になると、yの値は何倍になっていますか。

xの値が2倍になるとyの値は(　　　　)になる。

xの値が3倍になるとyの値は(　　　　)になる。

③ xの値が2から、8になると、それにともなってyの値は何倍になっていますか。

答え

④ yはxに比例しているといえますか。

答え

11 比例と反比例 ②

底辺の長さが３cmの平行四辺形で、高さを$x$cm、面積を$y$cm²として、２つの量の関係を調べましょう。

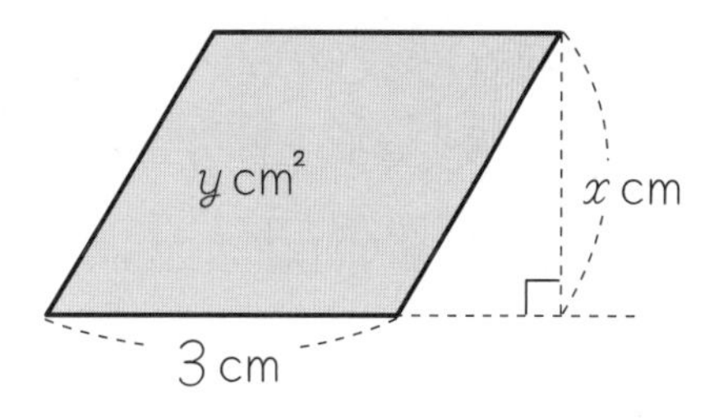

① 表を完成させましょう。

高さ x (cm)	1	2	3	4	5	6	7	8	
面積 y (cm²)	3								

② xの値が$\frac{1}{2}$倍、$\frac{1}{3}$倍、……になると、yの値は何倍になっていますか。

xの値が$\frac{1}{2}$倍になるとyの値は(　　　　)になる。

xの値が$\frac{1}{3}$倍になるとyの値は(　　　　)になる。

③ xの値が８から、４になると、それにともなってyの値は何倍になっていますか。

答え ＿＿＿＿＿＿

④ yはxに比例しているといえますか。

答え ＿＿＿＿＿＿

※xの値が$\frac{1}{2}$倍、$\frac{1}{3}$倍、……になるとき、yの値も$\frac{1}{2}$倍、$\frac{1}{3}$倍、……になるときも、yはxに **比例する** といいます。

11 比例と反比例 ③

名前

1　横の長さが4cmの長方形で、縦(たて)の長さを$x$cm、面積を$y$cm²として、2つの量の関係を調べましょう。

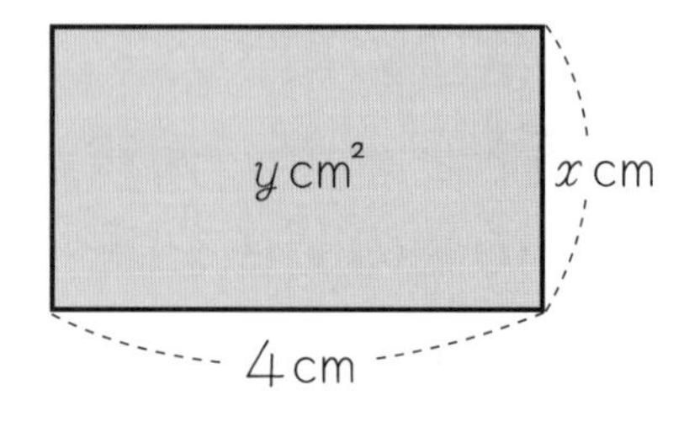

縦　x (cm)	1	2	3	4	5	6	7	
面積y (cm²)	4	8						
$y \div x$	4	4						

① 表の空いているところに数をかきましょう。

② yは、xの何倍になっていますか。　答え

③ yをxを使った式で表しましょう。　y ＝ 4 × x

2　底辺の長さが5cmの平行四辺形で、高さを$x$cm、面積を$y$cm²として、2つの量の関係を調べましょう。

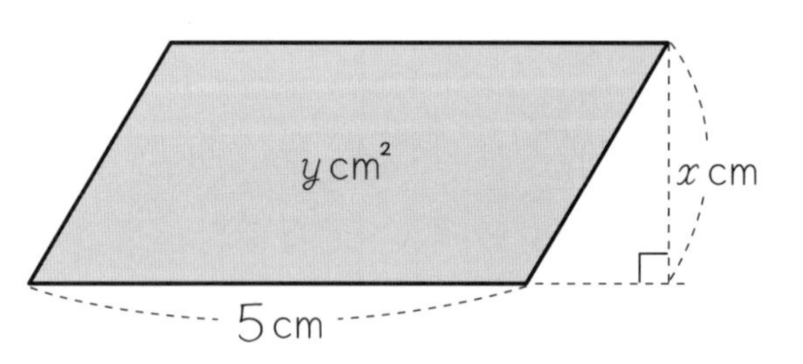

高さx (cm)	1	2	3	4	5	6	7	
面積y (cm²)	5							
$y \div x$	5							

① 表の空いているところに数をかきましょう。

② yは、xの何倍になっていますか。　答え

③ yをxを使った式で表しましょう。　y ＝ □ × □

11 比例と反比例 ④

名前

1 底辺の長さが x cmの平行四辺形で、高さを2cm、面積を y cm²として、2つの量の関係を調べましょう。

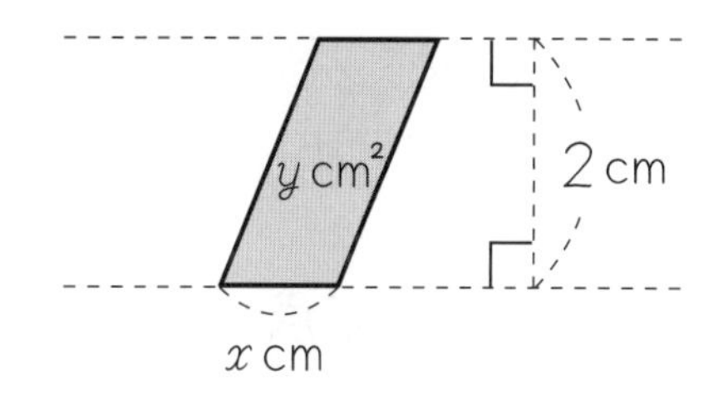

底辺 x (cm)	1	2	3	4	5	6	7	
面積 y (cm²)	2							
$y \div x$	2							

① 表の空いているところに数をかきましょう。

② yは、xの何倍になっていますか。　答え

③ yをxを使った式で表しましょう。　y = □ × □

2 底辺の長さが x cmの三角形で、高さを4cm、面積を y cm²として、2つの量の関係を調べましょう。

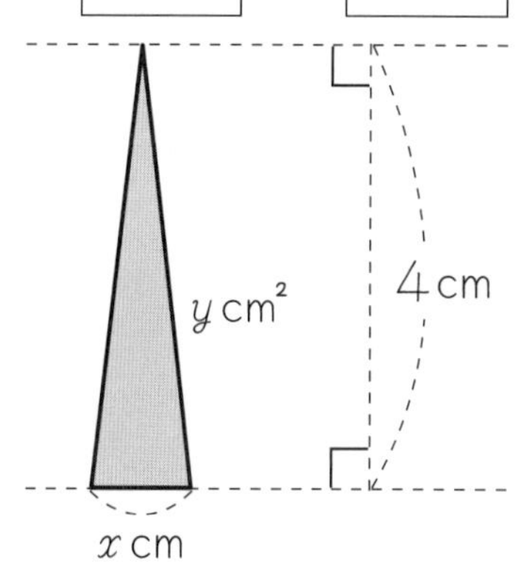

底辺 x (cm)	1	2	3	4	5	6	7	
面積 y (cm²)	2							
$y \div x$	2							

① 表の空いているところに数をかきましょう。

② yは、xの何倍になっていますか。　答え

③ yをxを使った式で表しましょう。　y = □ × □

比例と反比例 ⑤

底辺が2cmの平行四辺形で、面積がy cm²、高さをx cmとします。xとyの関係を調べます。

① 表を完成させましょう。

高さ　x (cm)	1	2	3	4	5	6	7	
面積　y (cm²)	2							

② 横軸(じく)にxの値(あたい)、縦軸(たて)にyの値を表し、表のxとyの値の組をグラフに表しましょう。

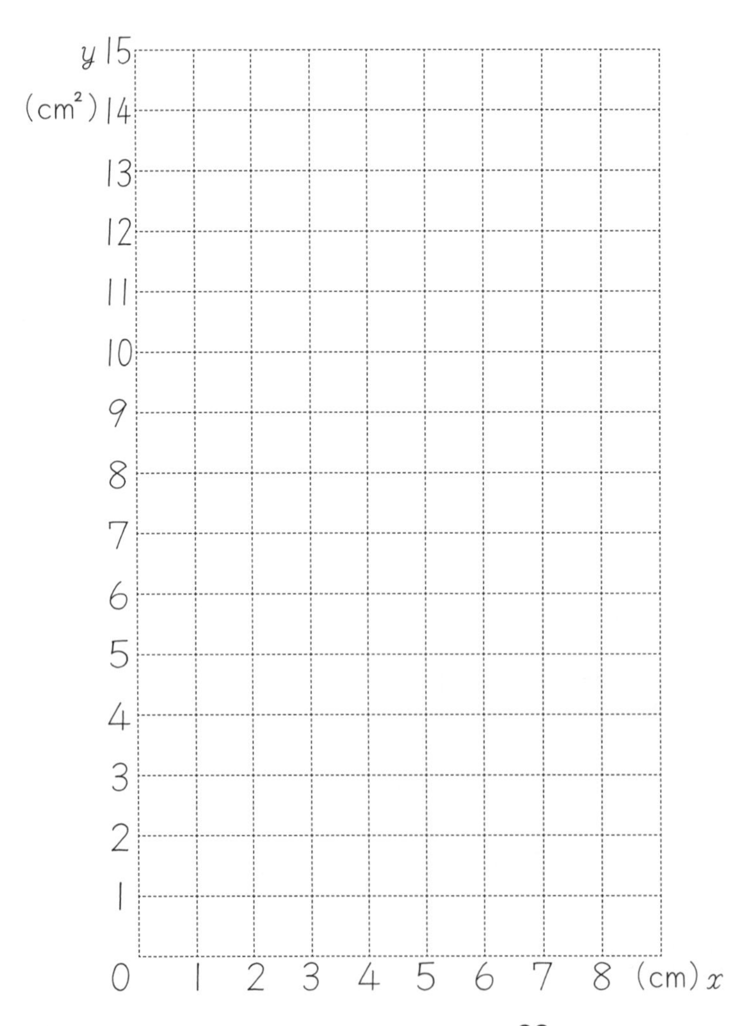

縦の長さが3cm、横の長さが$x$cmの長方形の面積を$y$cm²とします。

① yをxを使った式で表しましょう。 y = □ × □

② 表を完成させましょう。

横の長さx（cm）	1	2	3	4	5	6	7	8
面積　y（cm²）	3							

③ 横軸にxの値を、縦軸にyの値を表し、表のxとyの値の組をグラフに表しましょう。

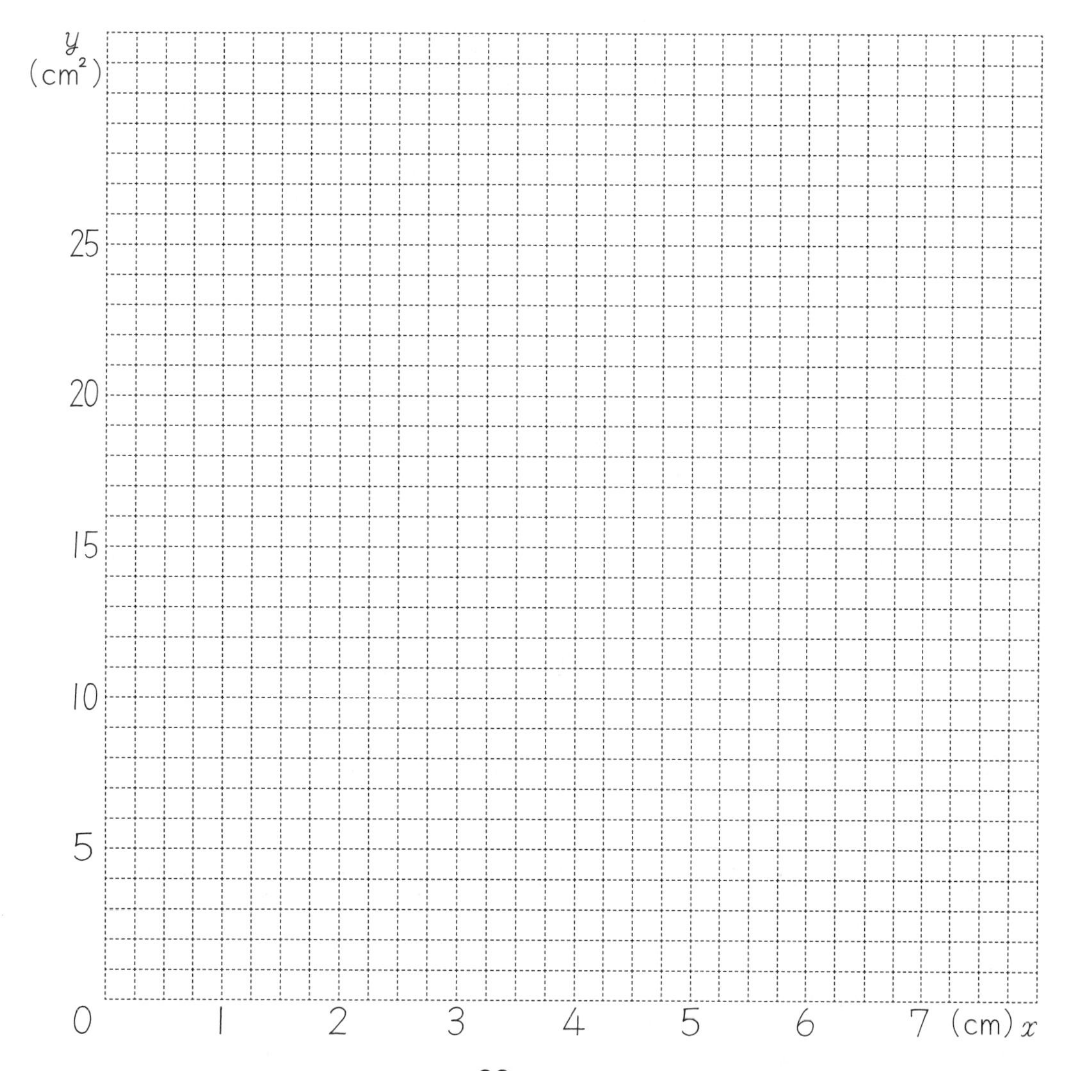

11 比例と反比例 ⑦

グラフから値(あたい)を読み取りましょう。

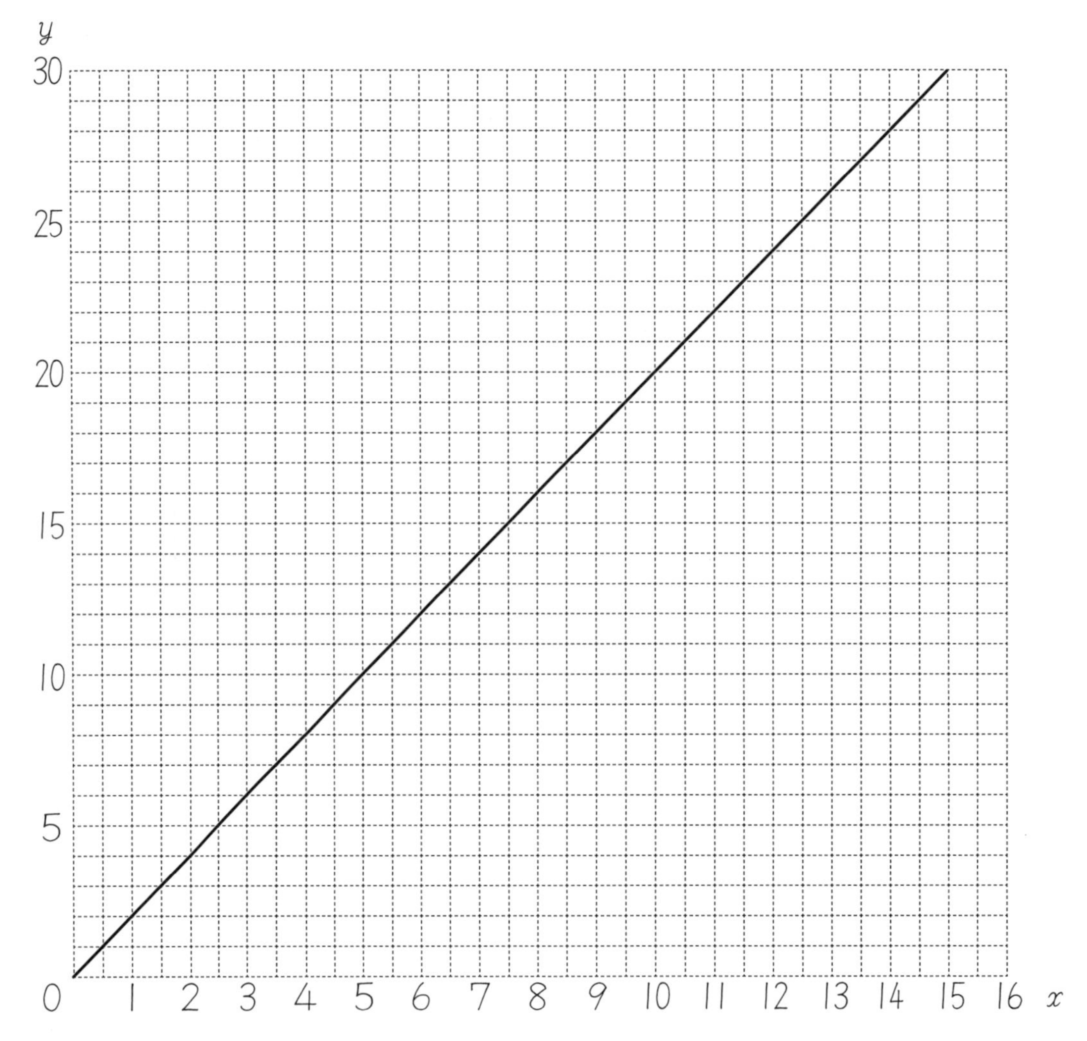

① xが1のときのyの値をかきましょう。　答え

② xが1増えると、yの値はいくつ増えますか。　答え

③ xが5のときのyの値をかきましょう。　答え

④ xが2.5のときのyの値をかきましょう。　答え

11 比例と反比例 ⑧

名前

表は時速40kmで進む自動車の時間と道のりの関係です。

① 表を完成させましょう。

時間　x（時間）	1	2	3	4	5	6
道のり　y（km）	40					

② yをxを使った式で表しましょう。　y ＝ □ × □

③ xとyの関係を、グラフにしましょう。

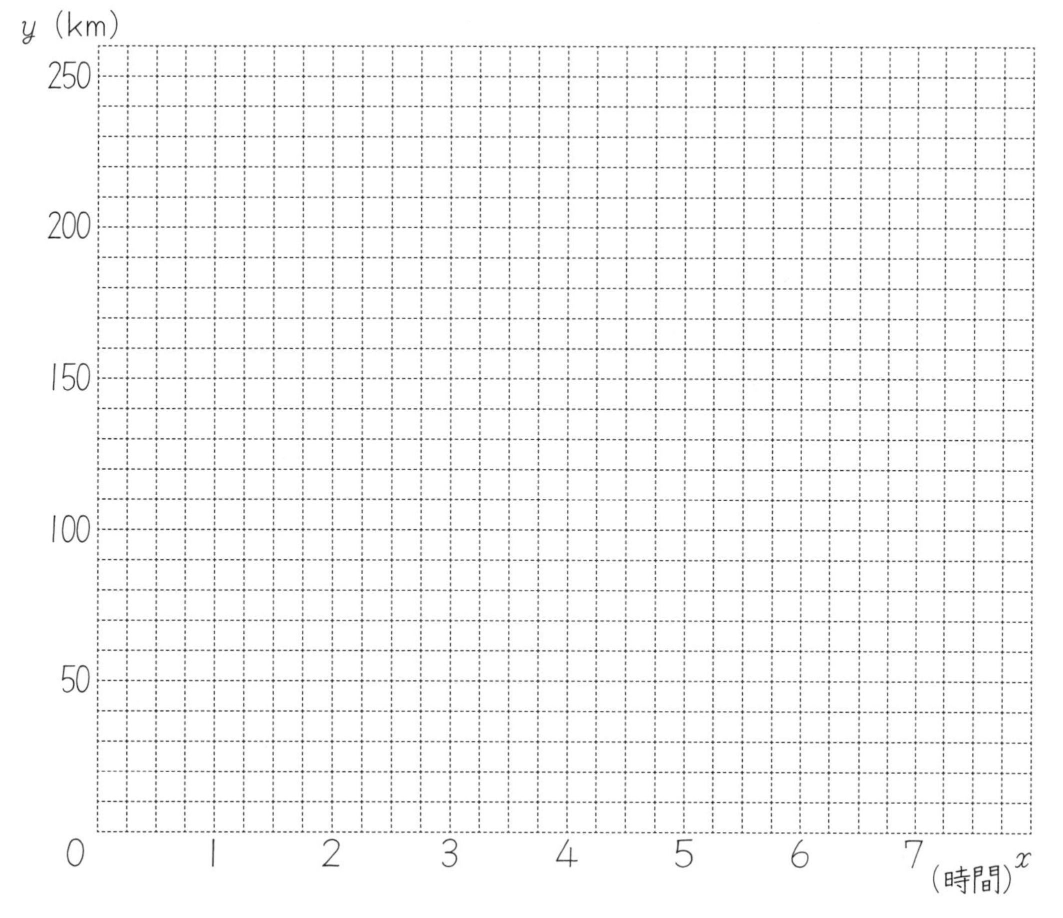

④ グラフから1時間30分で何km進みますか。　答え

⑤ 140km進むのに何時間何分かかりますか。答え

11 比例と反比例 ⑨

名前

グラフはAさんとBさんが自動車で同じ道で、同じ目的地に向かって出発したときの走った時間と道のりを表しています。

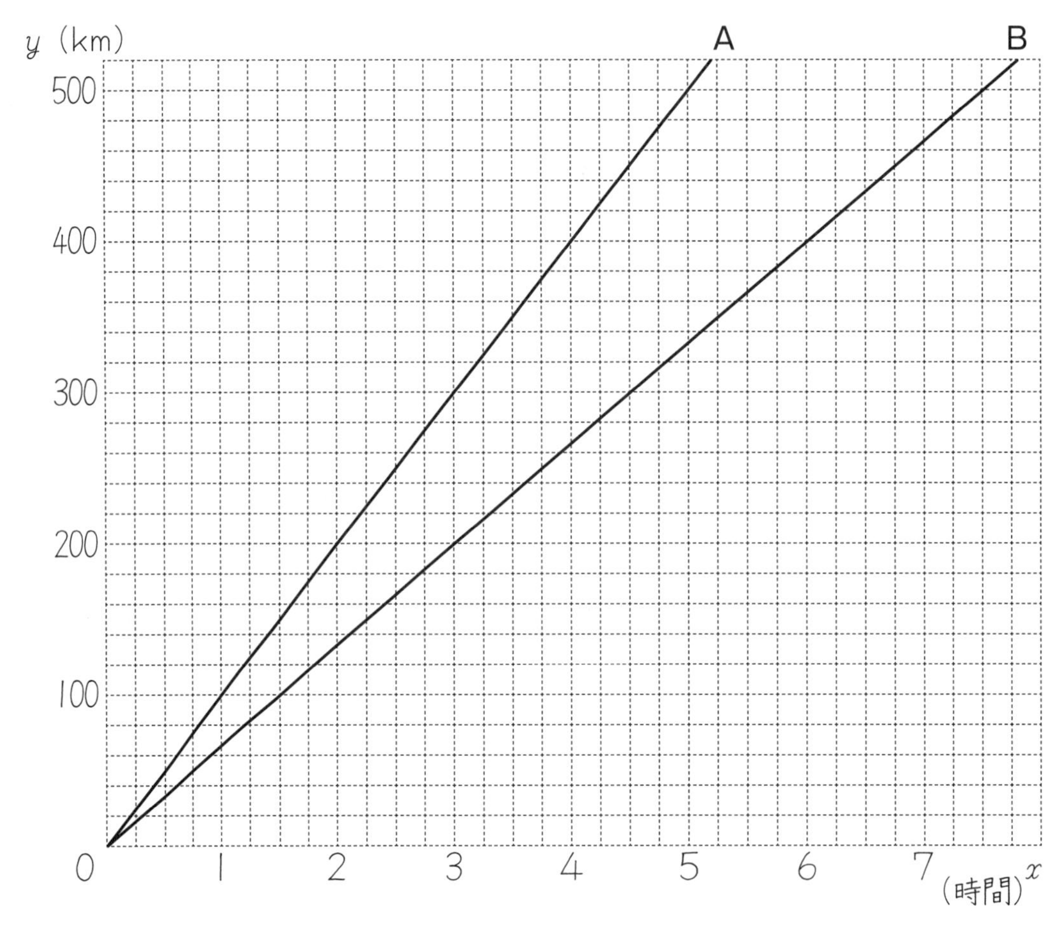

① Aさんが400kmを走るのに何時間かかりましたか。

答え

② Bさんが400kmを走るのに何時間かかりましたか。

答え

③ AさんとBさん、どちらが速いですか。 答え

④ 400kmの地点をAさんが通過した後、Bさんが通過するまでの時間は、どのくらいですか。 答え

比例と反比例 ⑩

1　1枚(まい)の重さが8gのクッキーがありました。
このクッキー20枚の重さが何gですか。

クッキーの枚数と重さ

枚数（枚）	1	20
重さ（g）	8	

式
$8 \times 20 = 160$

答え

2　10枚の重さが15gの画用紙がありました。
この画用紙300枚の重さは何gですか。

画用紙の枚数と重さ

枚数（枚）	10	300
重さ（g）	15	

式

答え

3　20個の重さが32gのおはじきがありました。
このおはじき500個の重さは何gですか。

おはじきの個数と重さ

個数（個）	20	500
重さ（g）	32	

式

答え

4　30枚の重さが45gのふうとうがありました。
このふうとう90枚の重さは何gですか。

ふうとうの枚数と重さ

枚数（枚）	30	90
重さ（g）	45	

式

答え

11 比例と反比例 ⑪

1 20個の重さが300gのカステラがありました。
このカステラ1個の重さは何gですか。

カステラの個数と重さ

個数（個）	1	20
重さ（g）		300

式 300÷20＝15

答え

2 50枚(まい)の重さが800gの画用紙がありました。
この画用紙1枚の重さは何gですか。

画用紙の枚数と重さ

枚数（枚）	1	50
重さ（g）		800

式

答え

3 25個の重さが750gのビー玉がありました。
このビー玉10個の重さは何gですか。

ビー玉の個数と重さ

個数（個）	10	25
重さ（g）		750

式

答え

4 12個の重さが180gの和がしがありました。
この和がし5個の重さは何gですか。

和がしの個数と重さ

個数（個）	5	12
重さ（g）		180

式

答え

11 比例と反比例 ⑫

1　25枚の重さが500gのクッキーがありました。
このクッキーが200gのとき何枚ありますか。

クッキーの枚数と重さ

枚数（枚）		25
重さ（g）	200	500

式　500÷25＝20
200÷20＝10

答え

2　40枚の重さが500gの画用紙がありました。
この画用紙が200gのとき何枚ありますか。

画用紙の枚数と重さ

枚数（枚）		40
重さ（g）	200	500

式

答え

3　12冊（さつ）の重さが960gのノートがありました。
このノートが320gのとき何冊ありますか。

ノートの冊数と重さ

冊数（冊）		12
重さ（g）	320	960

式

答え

4　24本の重さが4.8kgのジュースがありました。
このジュースが2kgのとき何本ありますか。

ジュースの本数と重さ

本数（本）		24
重さ（kg）	2	4.8

式

答え

11 比例と反比例 ⑬

1 4枚(まい)の重さが8gのクッキーがありました。
このクッキーが24gのとき何枚ありますか。

クッキーの枚数と重さ

枚数（枚）	4	
重さ（g）	8	24

式 $8 \div 4 = 2$
$24 \div 2 = 12$

答え

2 12枚の重さが8gの画用紙がありました。
この画用紙が160gのとき何枚ありますか。

画用紙の枚数と重さ

枚数（枚）	12	
重さ（g）	8	160

式

答え

3 5冊(さつ)の重さが150gのノートがありました。
このノートが重さ840gのとき何冊ありますか。

ノートの冊数と重さ

冊数（冊）	5	
重さ（g）	150	840

式

答え

4 8個の重さが16gのあめ玉がありました。
このあめ玉が260gのとき何個ありますか。

あめ玉の個数と重さ

個数（個）	8	
重さ（g）	16	260

式

答え

11 比例と反比例 ⑭

名前

ともなって変わる2つの量について、xの値が、2倍、3倍、……となると、yの値は$\frac{1}{2}$倍、$\frac{1}{3}$倍、……になるとき、yはxに **反比例する** といいます。

✿ 面積が24cm²の長方形の縦(たて)の長さ$x$cmと横の長さ$y$cmの関係を調べましょう。

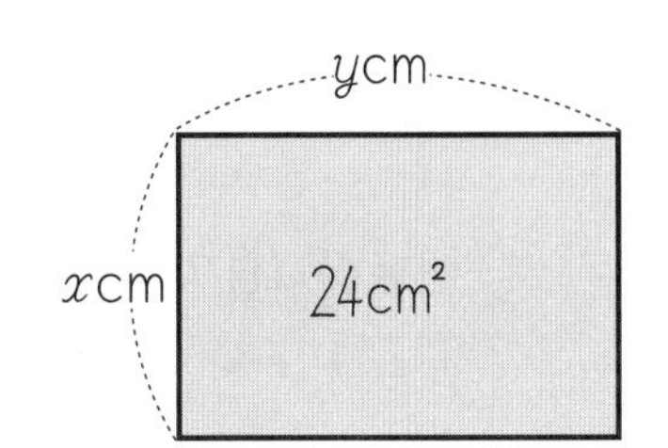

縦の長さ　x（cm）	1	2	3	4	5	6	
横の長さ　y（cm）	24	12	8	6	4.8	4	

① xの値が2倍になると、yの値が □ 倍になり、

xの値が3倍になると、yの値が □ 倍になります。

② xの値が$\frac{1}{2}$倍になると、yの値が □ 倍になり、

xの値が$\frac{1}{3}$倍になると、yの値が □ 倍になります。

③ yはxに反比例しているといえますか。

答え ＿＿＿＿＿＿

11 比例と反比例 ⑮

名前

面積が30cm²の長方形の縦（たて）の長さ$x$cmと横の長さ$y$cmの関係を調べましょう。

縦の長さ　x（cm）	1	2	3	4	5	6	
横の長さ　y（cm）	30	15	10	7.5	6	5	

① xの値が$\frac{1}{2}$倍になると、yの値が□倍になり、

xの値が$\frac{1}{3}$倍になると、yの値が□倍になります。

② xの値が$\frac{1}{4}$倍になると、yの値が□倍になります。

③ xの値が2倍になると、yの値が□倍になり、xの値が3倍になると、yの値が□倍になります。

④ yはxに反比例しているといえますか。

答え

xとyの関係を調べ、式と表を完成させましょう。

① 面積が12cm²の平行四辺形の底辺の長さ$x$cmと高さ$y$cmの関係。

xとyの関係式　［ x ］×［ y ］＝［ 12 ］

底辺の長さ x（cm）	1	2	3	4	5	6	
高さ y（cm）	12				2.4		

② 面積が36cm²の長方形の縦の長さ$x$cmと横の長さ$y$cmの関係。

xとyの関係式　［　］×［　］＝［　］

縦の長さ x（cm）	1	2	3	4	5	6	
横の長さ y（cm）	36						

③ 6kmの道のりを時速$x$kmで行くときかかる時間y時間の関係。

xとyの関係式　［　］×［　］＝［　］

時速 x（km）	1	2	3	4	5	6	
時間 y（時間）	6						

④ 長さ300mのランニングコースを秒速xmで走ったときの時間y秒の関係。

xとyの関係式　［　］×［　］＝［　］

秒速 x（m）	1	2	3	4	5	6	
時間 y（秒）	300						

名前

1 xとyの関係を調べましょう。

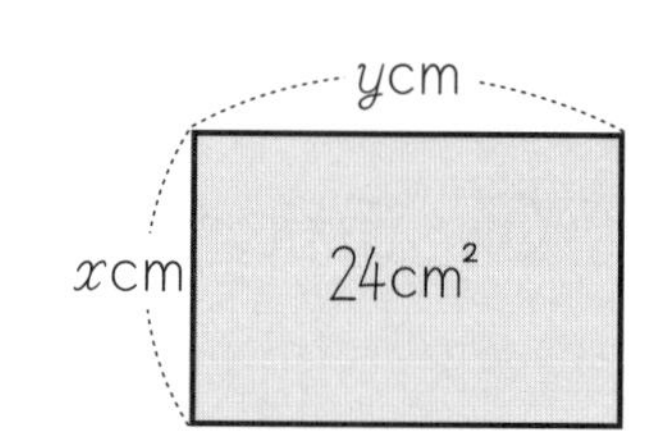

面積が24cm²の長方形の縦（たて）の長さ$x$cmと横の長さ$y$cmの関係を表しましょう。

① 表を完成させましょう。

縦の長さ　x（cm）	1	2	3	4	5	6	
横の長さ　y（cm）	24						
面積　（cm²）	24						

② xとyの関係式　x × y = 24

y = □ ÷ □

③ xの値（あたい）が次のときの、yの値を求めましょう。

xの値が8　y=24÷□　y=□

xの値が10　y=24÷□　y=□

2 xとyの関係を調べ、yをxの式で表しましょう。

面積が12cm²の長方形の縦の長さ$x$cmと横の長さ$y$cmの関係を表しましょう。

① 表を完成させましょう。

縦の長さ　x（cm）	1	2	3	4	5	6	
横の長さ　y（cm）	12						
面積　（cm²）							

② yをxの式で表すと　y = □ ÷ □

11 比例と反比例 ⑱

名前

面積が15cm²の平行四辺形の底辺の長さを$x$cm、高さを$y$cmとし、反比例の関係をグラフに表しましょう。

底辺の長さ x（cm）	1	2	3	5	6	10	15	
高さ y（cm）	15							

① xとyの関係を表にしましょう。

② xとyの関係をグラフに表しましょう。

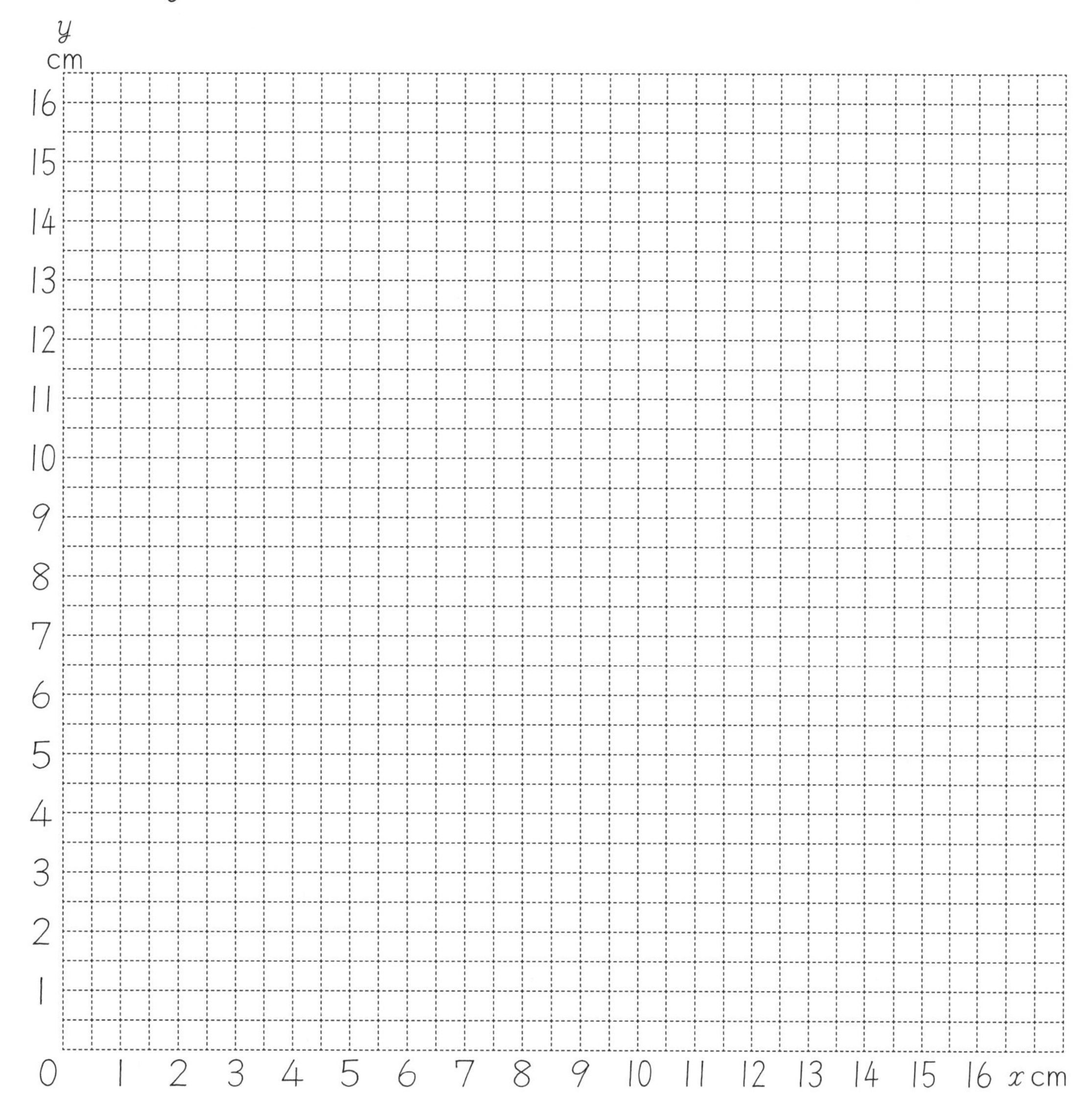

11 比例と反比例 ⑲

名前

面積が12cm²の平行四辺形の底辺の長さを$x$cm、高さを$y$cmとし、反比例の関係をグラフに表しましょう。

① yをxの式で表しましょう。　$y=$□÷□

② xとyの関係を表にしましょう。

底辺の長さ x（cm）	1	2	3	4	6	12	
高さ　y（cm）	12				2		

③ xとyの関係をグラフに表しましょう。

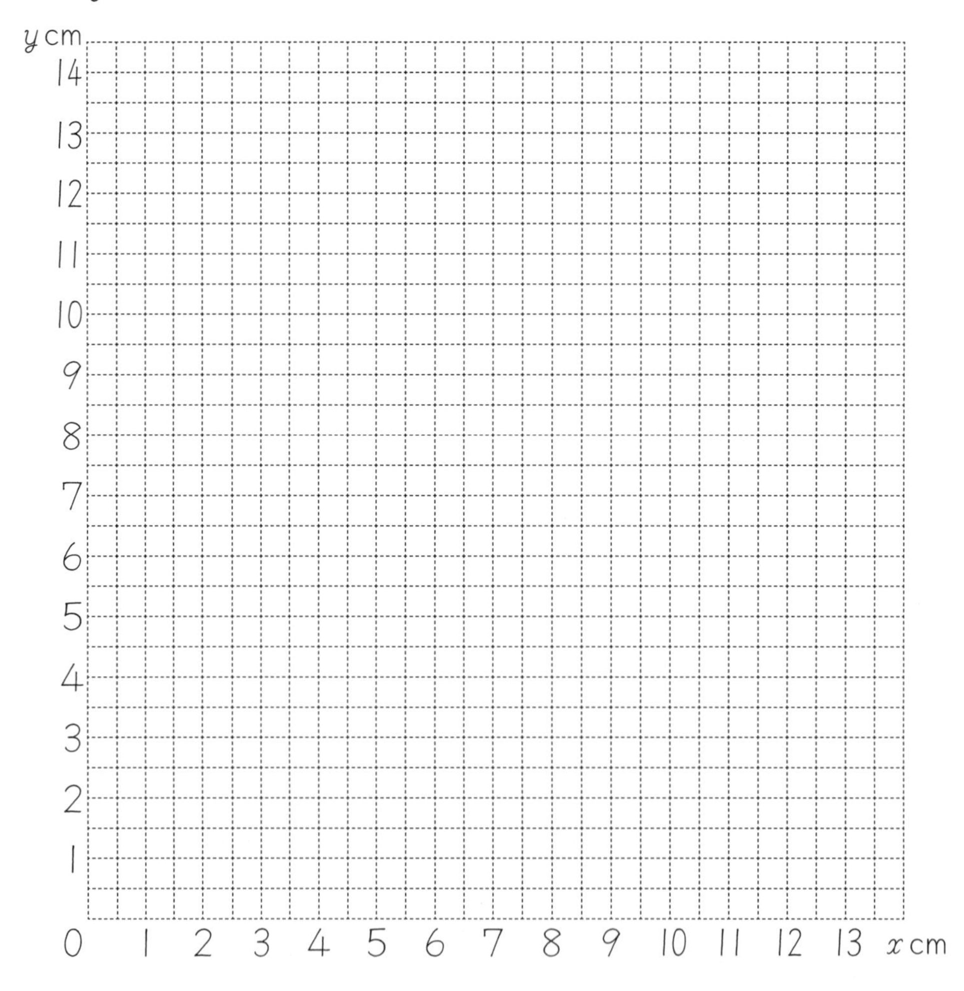

11 比例と反比例 ⑳

1 面積は$15cm^2$の平行四辺形の底辺の長さ$x$cm、高さ$y$cmとします。

① yをxの式で表しましょう。

$y=$ □ ÷ □

② $x=5$cmのとき、yの値(あたい)を求めましょう。

式

答え ＿＿＿＿＿＿＿＿

2 120kmはなれた目的地へ車で時速$x$km進み、かかった時間をyとします。

① yをxの式で表しましょう。

$y=$ □ ÷ □

② $x=60$km のとき、yの値を求めましょう。

式

答え ＿＿＿＿＿＿＿＿

3 体積が$120cm^3$の四角柱の底面積を$x cm^2$、高さを$y$cmとします。

① yをxの式で表しましょう。

$y=$ □ ÷ □

② $x=40cm^2$ のとき、yの値を求めましょう。

式

答え ＿＿＿＿＿＿＿＿

12 並べ方と組み合わせ方 ①

名前

何人かでリレーをします。走る順序は全部で何通りありますか。

① Aさんと Bさん、2人でリレーをする場合。

A—B

B—A

答え ＿＿＿＿＿＿

② Aさんと Bさん、Cさんの3人でリレーをする場合。

A＜ B—C ／ C—B

B，Cが先頭になるのは2通りずつある

2×3

答え ＿＿＿＿＿＿

③ Aさんと Bさん、Cさん、Dさんの4人でリレーをする場合。

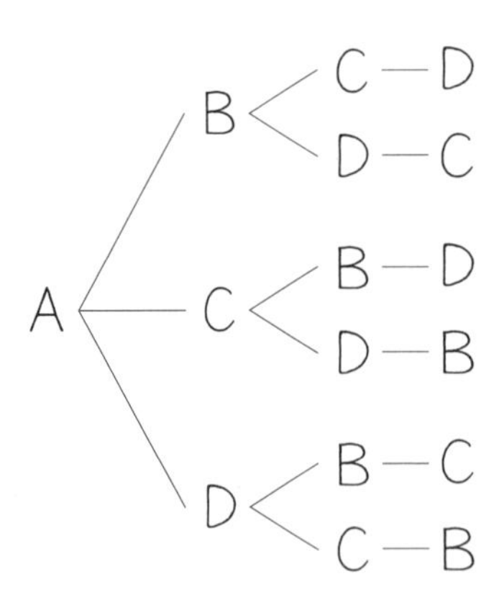

B，C，Dが先頭になるのは6通りずつある

6×4

答え ＿＿＿＿＿＿

12 並べ方と組み合わせ方 ②

名前

1　1，2，3の3枚のカードを使って、3けたの整数をつくります。

①　できる整数をかきましょう。

1	2	3
1	3	2

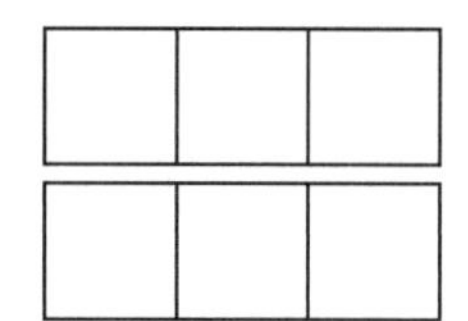

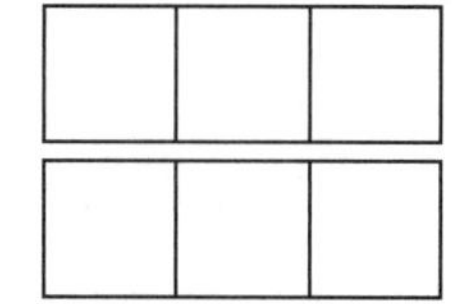

②　全部で何通りできますか。

答え

2　1，2，3，4の4枚のカードを使って、4けたの整数をつくります。全部で何通りできますか。

1	2	3	4
1	2	4	3

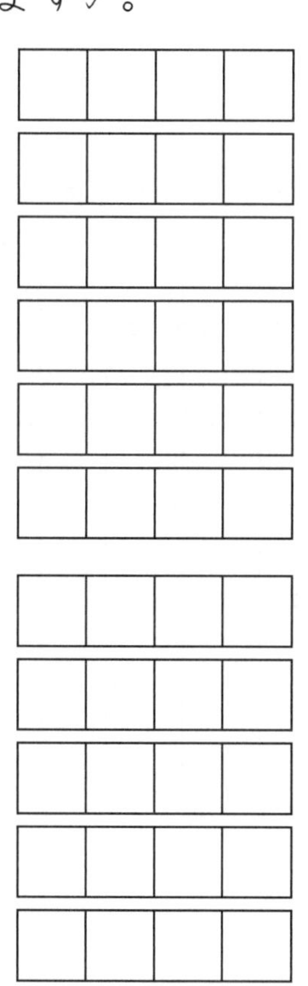

答え

12 並べ方と組み合わせ方 ③

名前

1 1，2，3，4の4枚（まい）のカードの中から、2枚を使って2けたの整数をつくります。

① できる整数をかきましょう。

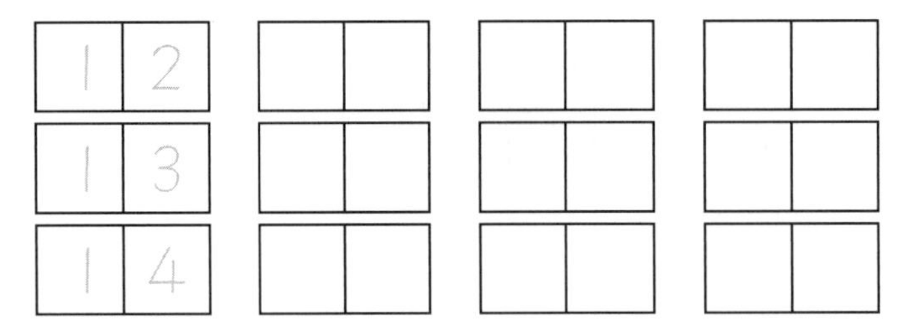

② 全部で何通りできますか。

答え

2 1，2，3，4の4枚のカードの中から、3枚を使って3けたの整数をつくります。

① できる整数をかきましょう。

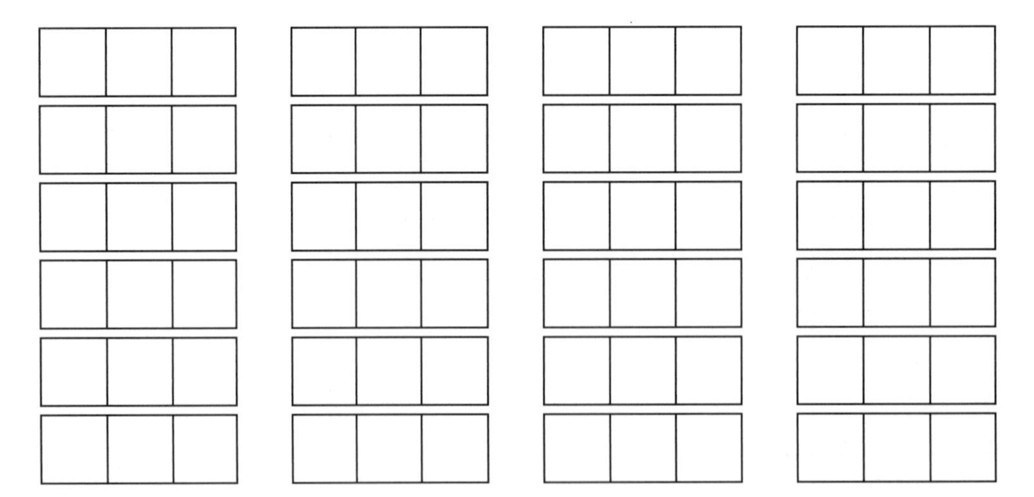

② 全部で何通りできますか。

答え

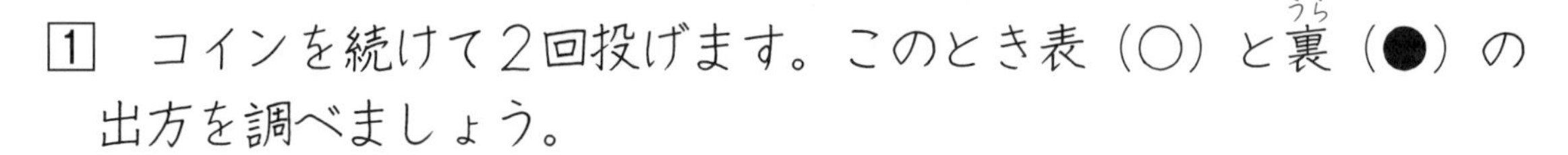

12 並べ方と組み合わせ方 ④

名前

1　コインを続けて2回投げます。このとき表（○）と裏（●）の出方を調べましょう。

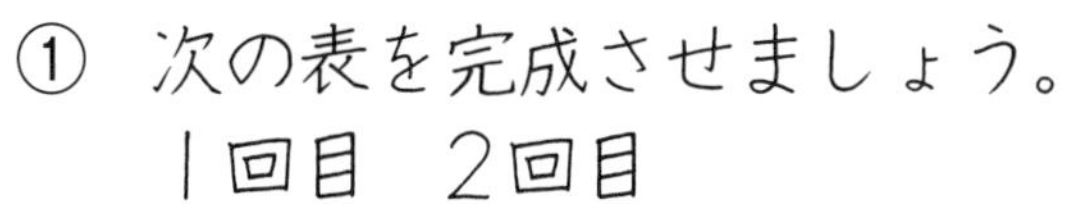

①　次の表を完成させましょう。

1回目　2回目

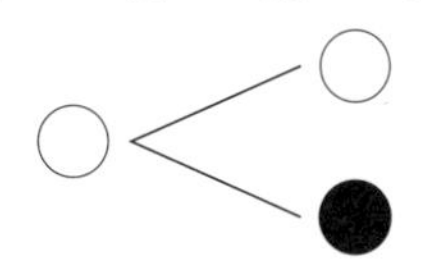

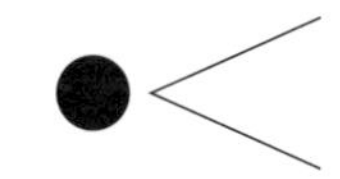

②　表と裏の出方は、全部で何通りありますか。

答え

2　コインを続けて3回投げます。このとき表（○）と裏（●）の出方を調べましょう。

①　次の表を完成させましょう。

1回目　2回目　3回目

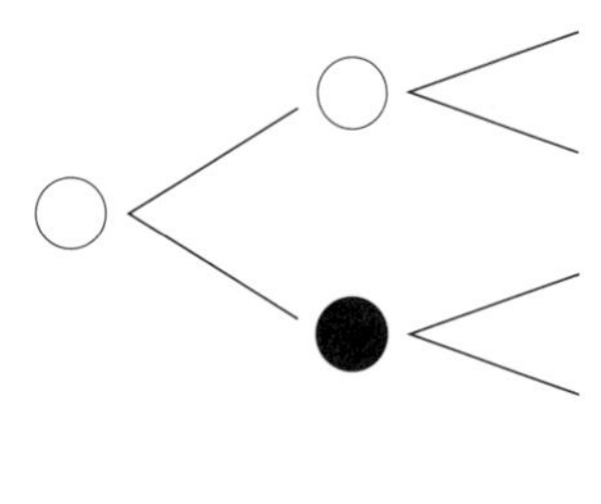

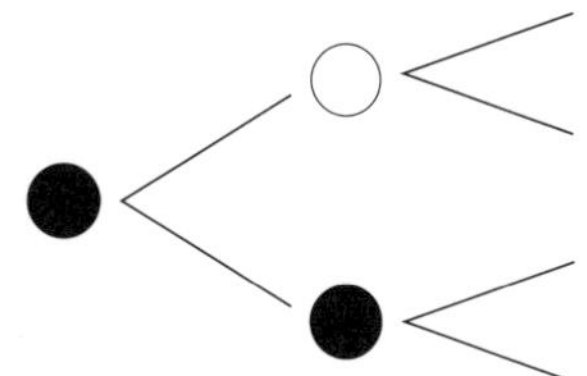

②　表と裏の出方は、全部で何通りありますか。

答え

12 並べ方と組み合わせ方 ⑤

何人かで横一列に並(なら)んで写真をとります。

① 2人の場合、たとえばAさん、Bさんが並ぶとき並び方は全部で何通りありますか。

A	B

答え ＿＿＿＿＿＿＿＿

② 3人の場合、たとえばAさん、Bさん、Cさんが並ぶとき、並び方は全部で何通りありますか。

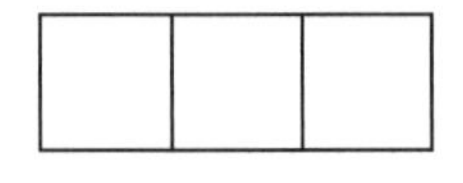

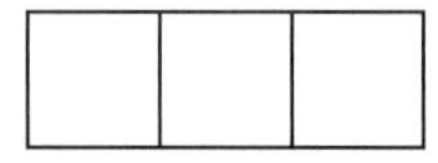
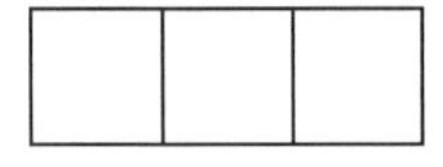

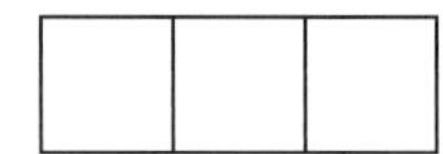

答え ＿＿＿＿＿＿＿＿

③ 4人の場合、並び方は全部で何通りありますか。

答え ＿＿＿＿＿＿＿＿

12 並べ方と組み合わせ方 ⑥

1　0、1、2、3の4枚のカードがあります。

① カードを使って、4けたの整数をつくります。
千の位が1の数のときいくつできますか。

（千の位が1のとき）

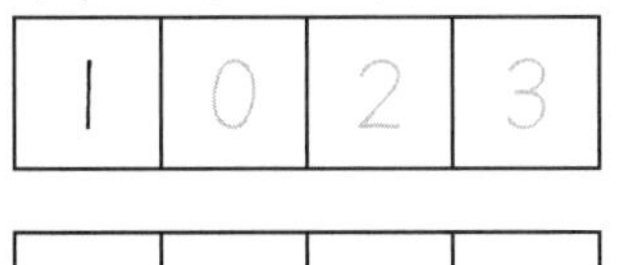

1				1			
1				1			

答え

② 4けたの整数は全部でいくつできますか。

千の位は、1，2，3の3通り

6×3

答え

2　算数、国語、理科、社会の4教科から、1時間目と2時間目の時間割りをつくります。全部で何通りできますか。
ただし、同じ教科を続けません。

答え

12 並べ方と組み合わせ方 ⑦

何チームかでサッカーの試合をします。
どのチームも、ちがったチームと１回ずつ試合をします。

① A、B、Cの３チームの場合、チームの対戦は全部で何通りありますか。

	A	B	C
A		○	○
B			○
C			

答え

② A～Dの４チームの場合、チームの対戦は全部で何通りありますか。

	A	B	C	D
A				
B				
C				
D				

答え

③ A～Dの５チームの場合、チームの対戦は全部で何通りありますか。

	A	B	C	D	E
A					
B					
C					
D					
E					

答え

12 並べ方と組み合わせ方 ⑧

名前

✿ ピザの注文で、数種類のトッピングの中から、好きなもの２つを選ぶことができます。

① ３種類の場合、どのような組み合わせがありますか。

A：チーズ，　B：サラミ，　C：コーン

（A，B）　（　　　）　（　　　）

② 組み合わせ方は全部で何通りありますか。

答え ________

③ ５種類の場合、どのような組み合わせがありますか。

A：チーズ，B：サラミ，C：コーン，D：ベーコン，E：エビを使って表しましょう。

④ 組み合わせ方は全部で何通りありますか。

答え ________

12 並べ方と組み合わせ方 ⑨

名前

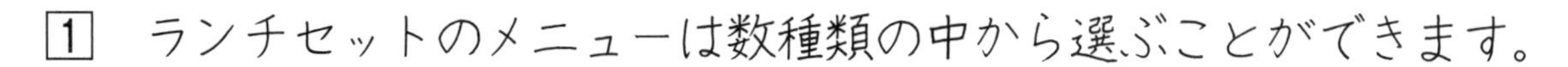

1 ランチセットのメニューは数種類の中から選ぶことができます。

① メインは、カレー，オムライス，パスタの３つのうち１つ、スープは、コーンスープかオニオンスープの２つのうち１つです。どのような組み合わせがありますか。

（カレー、コーン），（オムライス、コーン），（パスタ、コーン）
（　　　　　　），（　　　　　　），（　　　　　　）

② 組み合わせ方は何通りありますか。

答え ＿＿＿＿＿＿

2 ランチセットのメニューは次の中から選ぶことができます。

メインは、ステーキ，ハンバーグ，オムレツの３つのうち１つと、スープが、コーンスープ、オニオンスープの２つのうち１つと、パン，ライスの２つのうち１つです。

ステーキをA、ハンバーグをB、オムレツをC、コーンスープをD、オニオンスープをE、パンをF、ライスをGとします。

組み合わせ方は何通りありますか。

答え ＿＿＿＿＿＿

12 並べ方と組み合わせ方 ⑩

1 赤、黄、青、緑の4色の折り紙から、2枚を選びます。
組み合わせは全部で何通りできますか。

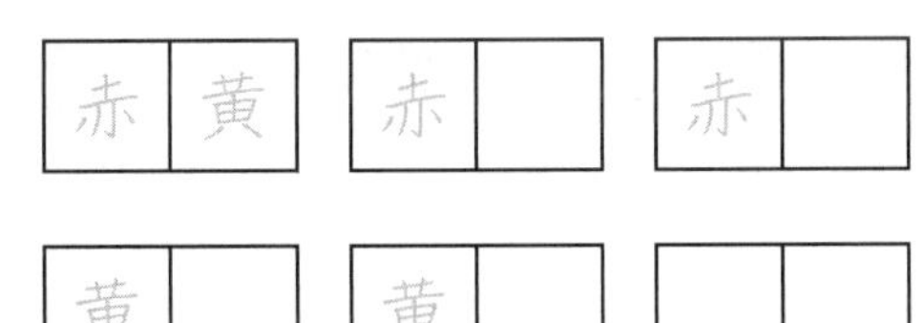

答え ＿＿＿＿＿＿

2 Ⓐりんご、Ⓑみかん、Ⓒなし、Ⓓもも、Ⓔいちごの5種類のくだものから、2つ選びます。全部で何通りありますか。

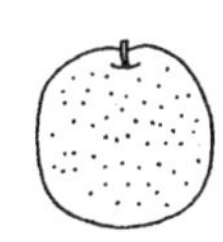

答え ＿＿＿＿＿＿

12 並べ方と組み合わせ方 ⑪

名前

動物園にはパンダ、くま、ライオン、とら、コアラの５種類の動物がいます。

① ５種類の中から１種類の動物を選ぶとき、選び方は何通りありますか。

答え

② ５種類の中から２種類の動物を選ぶとき、選び方は何通りありますか。

答え

③ ５種類の中から３種類の動物を選ぶとき、選び方は何通りありますか。

答え

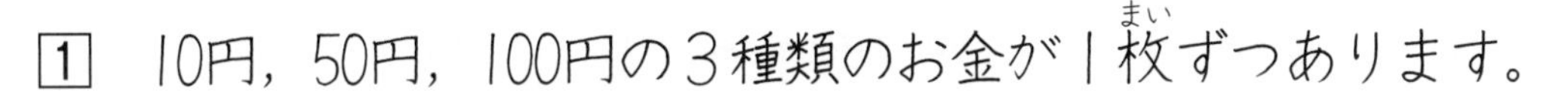

1 10円，50円，100円の３種類のお金が１枚ずつあります。

① ２枚を組み合わせてできる金額を全部かきましょう。

② 組み合わせ方は何通りありますか。

答え

2 10円、50円、100円、500円の４種類のお金が１枚ずつあります。

① ２枚を組み合わせてできる金額を全部かきましょう。

② 組み合わせ方は全部で何通りありますか。

答え

13 資料の調べ方 ①

名前

1 班(はん)の人が、とび箱をとんだ段数(だんすう)を表にしました。

とび箱をとんだ段数（段）

3	4	5	8	5

① いちばん低い段数は何段ですか。　答え　3段

② いちばん高い段数は何段ですか。　答え

③ いちばん低い段数と、高い段数の差は何段ですか。
答え

④ とび箱をとんだ段数の平均を求めましょう。
式

答え

2 にわとりが産んだ卵(たまご)の重さを表にしました。

にわとりが産んだ卵の重さ（g）

55	58	60	65	57

① いちばん軽い卵は何gですか。　答え

② いちばん重い卵は何gですか。　答え

③ いちばん軽い卵と、重い卵の差は何gですか。
答え

④ 卵の重さの平均を求めましょう。

式

答え

13 資料の調べ方 ②

名前

データの特ちょうを調べたり、伝えたりするとき、１つの値(あたい)で代表させて比べることがよくあります。このような値を **代表値**(だいひょうち) といいます。代表値には、**平均値**、**最ひん値**（資料の中で最も多く表れる値）、**中央値**（資料を小さい順に並べたとき中央にくる値、資料数が偶数(ぐうすう)個のときは、中央の２個の値の平均）があります。

✿ 二重とびの回数の記録を小さい順に表にしました。

二重とびの回数の記録（回）

1	2	3	4	5	5	5	7	8

① いちばん少ない回数は何回ですか。　答え

② いちばん多い回数は何回ですか。　答え

③ 平均値を求めましょう。（小数第２位を四捨五入）

式

答え

④ 最ひん値を求めましょう。

答え

⑤ 中央値を求めましょう。

答え

13 資料の調べ方 ③

次の表はソフトボール投げの記録です。

ソフトボール投げ(m)

1組 15人	31	34	30	34	28	38	40	37
	34	37	28	43	33	39	32	
2組 16人	34	26	36	24	42	28	30	23
	40	32	38	37	29	37	37	27

① 1組、2組の記録を数直線にドットプロットしましょう。

1組

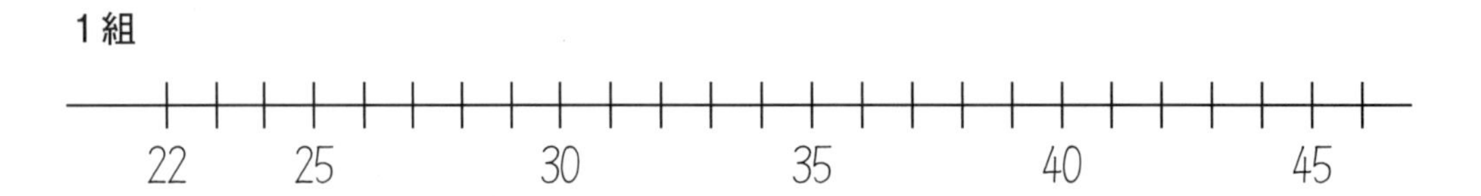

2組

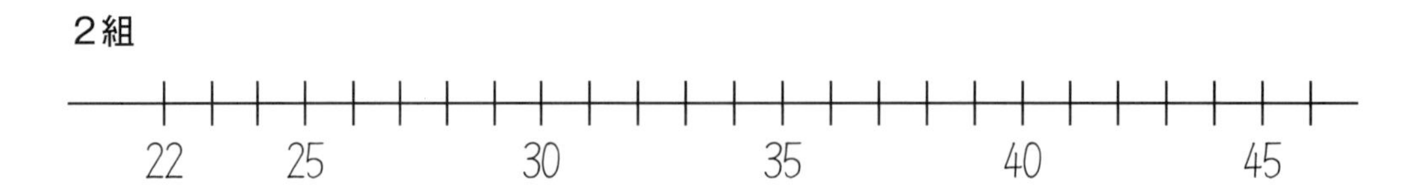

② 1組、2組の最ひん値を求めましょう。

答え　1組　　　　2組

③ 1組、2組の中央値を求めましょう。

答え　1組　　　　2組

次の表はソフトボール投げの記録です。

ソフトボール投げ(m)

3組 15人	29	31	33	40	37	35	36	33
	37	38	38	38	34	31	32	
4組 16人	28	36	30	37	38	32	40	36
	24	29	28	36	25	35	26	34

① 3組、4組の記録を数直線にドットプロットしましょう。

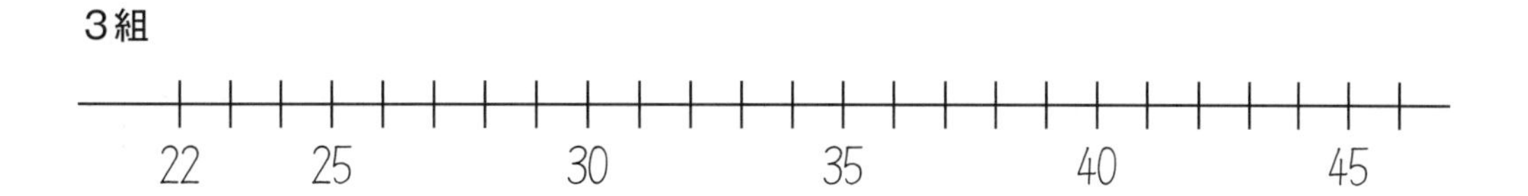

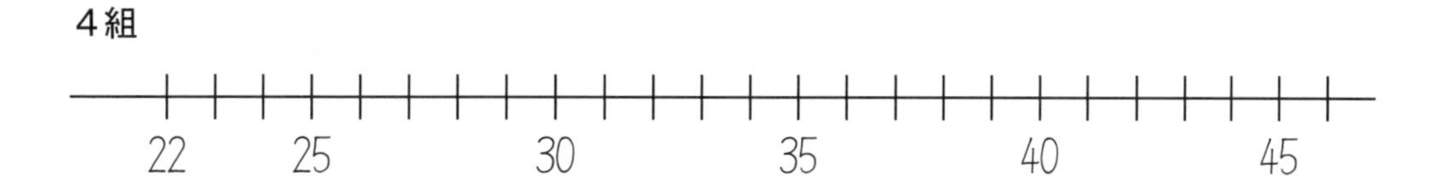

② 3組、4組の最ひん値を求めましょう。

答え　3組　　　4組

③ 3組、4組の中央値を求めましょう。

答え　3組　　　4組

13 資料の調べ方 ⑤

名前

次の表はソフトボール投げの記録です。

ソフトボール投げ(m)

1組 15人	31	34	30	34	28	38	40	37
	34	37	28	43	33	39	32	
2組 16人	34	26	36	24	42	28	30	23
	40	32	38	37	29	37	37	27

① 1組の記録を表に整理しましょう。

階　級（m）	正の字	人数(人)
20m以上 ～ 25m未満		
25m ～ 30m		
30m ～ 35m		
35m ～ 40m		
40m ～ 45m		

② 2組の記録を表に整理しましょう。

階　級（m）	正の字	人数(人)
20m以上 ～ 25m未満		
25m ～ 30m		
30m ～ 35m		
35m ～ 40m		
40m ～ 45m		

次の表はソフトボール投げの記録です。

ソフトボール投げ(m)

3組 15人	29	31	33	40	37	35	36	33
	37	38	38	38	34	31	32	
4組 16人	28	36	30	37	38	32	40	36
	24	29	28	36	25	35	26	34

① 3組の記録を表に整理しましょう。

階　級（m）	正の字	人数(人)
20m以上 ～ 25m未満		
25m ～ 30m		
30m ～ 35m		
35m ～ 40m		
40m ～ 45m		

② 4組の記録を表に整理しましょう。

階　級（m）	正の字	人数(人)
20m以上 ～ 25m未満		
25m ～ 30m		
30m ～ 35m		
35m ～ 40m		
40m ～ 45m		

13 資料の調べ方 ⑦

❀ ソフトボール投げの記録です。

① ｜組の記録を柱状グラフに表しましょう。

階　級（m）	数（人）
20m 以上 ～ 25m 未満	0
25m ～ 30m	2
30m ～ 35m	7
35m ～ 40m	4
40m ～ 45m	2

「｜組の記録」

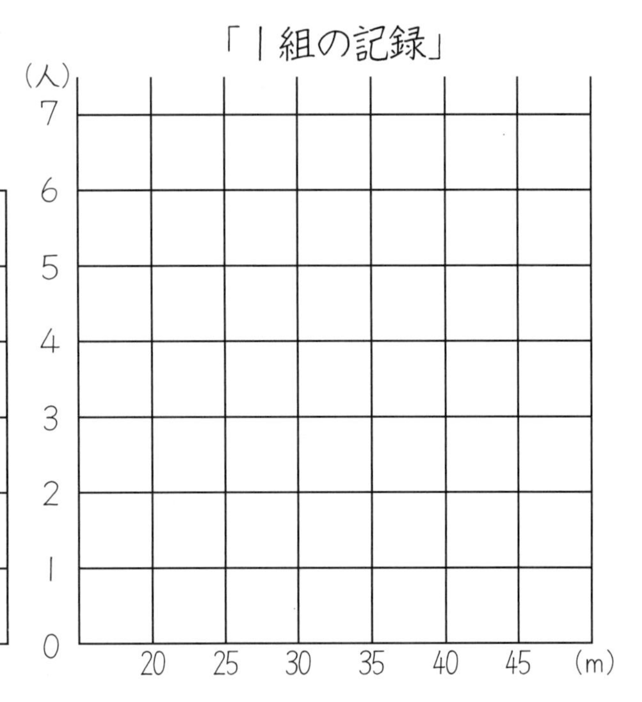

② ２組の記録を柱状グラフに表しましょう。

階　級（m）	数（人）
20m 以上 ～ 25m 未満	2
25m ～ 30m	4
30m ～ 35m	3
35m ～ 40m	5
40m ～ 45m	2

「２組の記録」

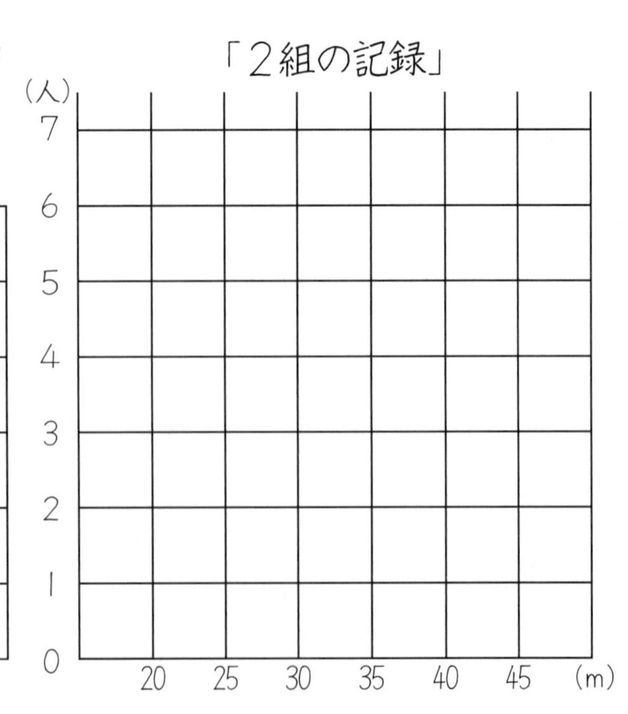

13 資料の調べ方 ⑧

ソフトボール投げの記録です。

① 3組の記録を柱状グラフに表しましょう。

階　級（m）	数(人)
20m以上 ～ 25m未満	0
25m ～ 30m	1
30m ～ 35m	6
35m ～ 40m	7
40m ～ 45m	1

「3組の記録」

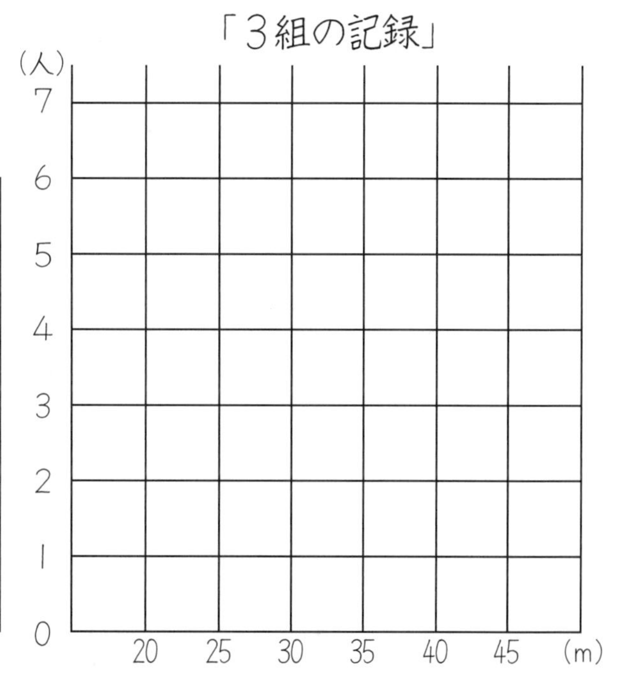

② 4組の記録を柱状グラフに表しましょう。

階　級（m）	数(人)
20m以上 ～ 25m未満	1
25m ～ 30m	5
30m ～ 35m	3
35m ～ 40m	6
40m ～ 45m	1

「4組の記録」

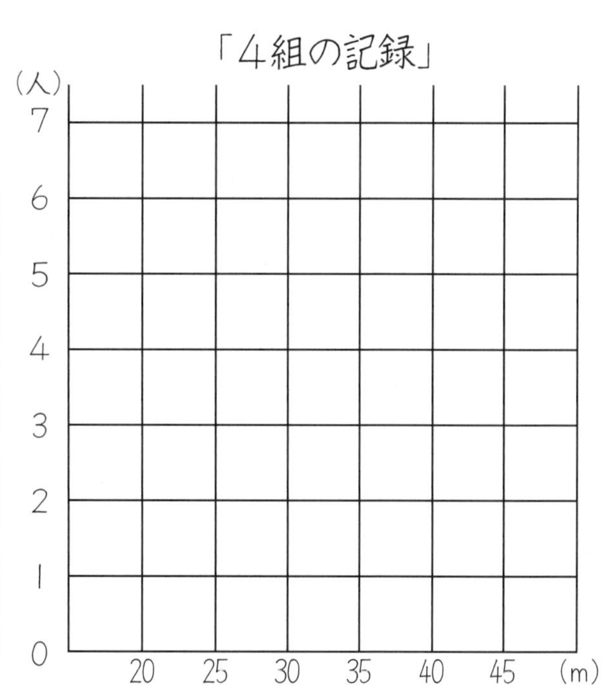

13 資料の調べ方 ⑨

A組とB組の計算テストの点数を柱状グラフにしました。

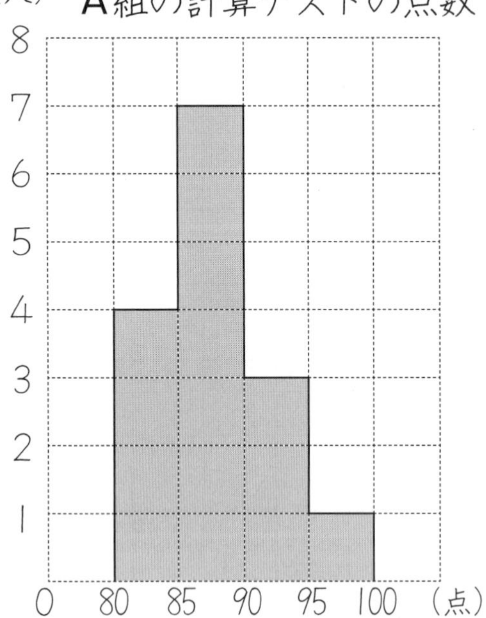

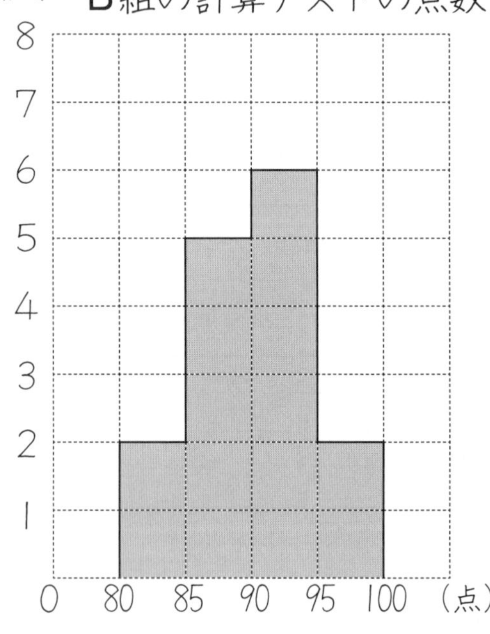

① いちばん人数が多いのは、それぞれ点数が何点以上何点未満のはんいですか。

A組（　　点 以上　　点 未満）

B組（　　点 以上　　点 未満）

② 90点以上の人数はそれぞれ何人ですか。またどちらの組が多いですか。

A組（　　人）

B組（　　人）

（　　組）の方が多い。

③ 85点未満の人数はそれぞれ何人ですか。またどちらの組が少ないですか。

A組（　　人）

B組（　　人）

（　　組）の方が少ない。

小学6年生　答え

〔p. 4〕 **1** 対称な図形 ①

①　○　　②　×

③　×　　④　○

〔p. 5〕 **1** 対称な図形 ②

①　辺FE　　②　辺FE

③　辺FE　　④　辺FE

〔p. 6〕 **1** 対称な図形 ③

①　　②

③　　④

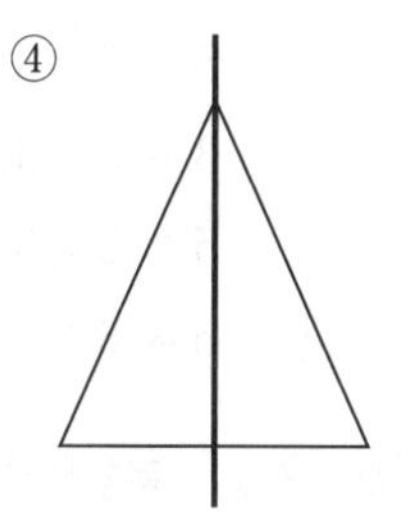

⑤　　⑥

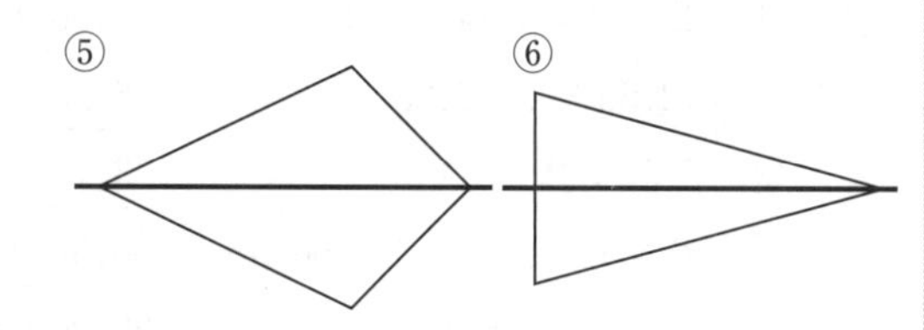

〔p. 7〕 **1** 対称な図形 ④

①

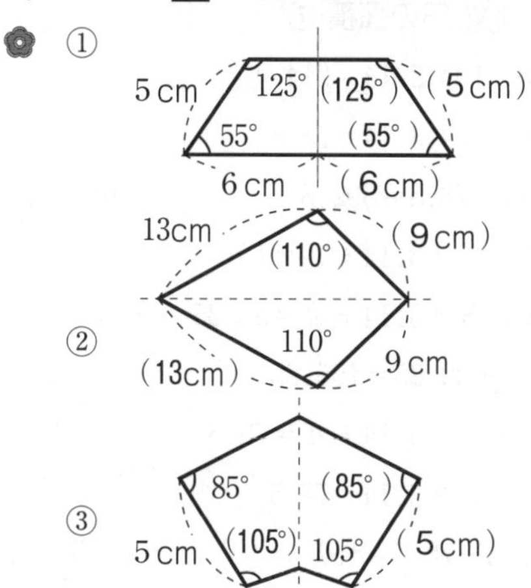

④

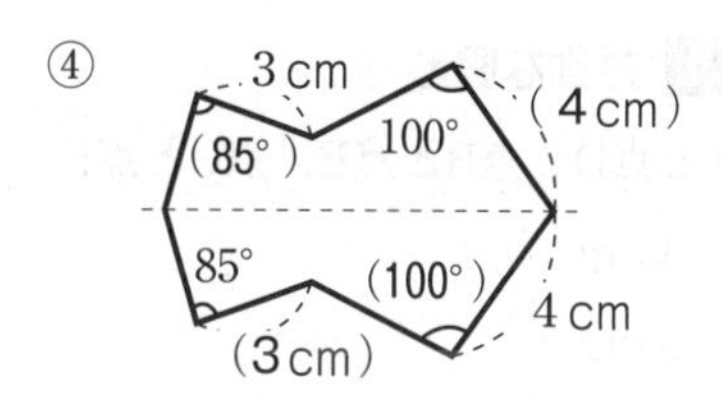

〔p. 8〕 **1** 対称な図形 ⑤

①

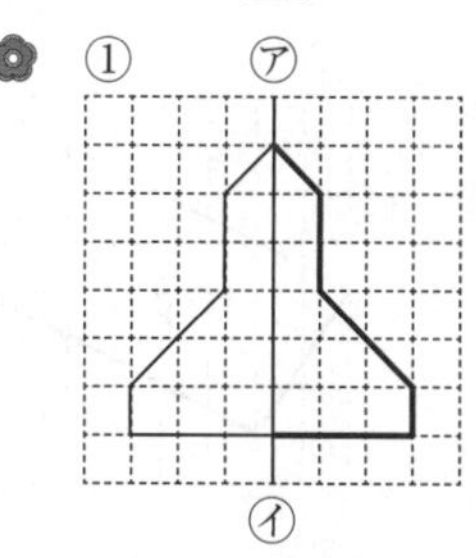

②

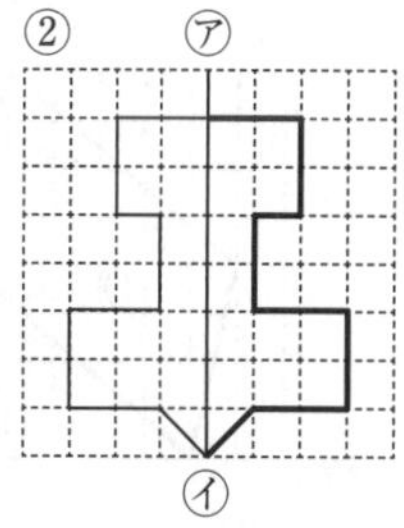

③

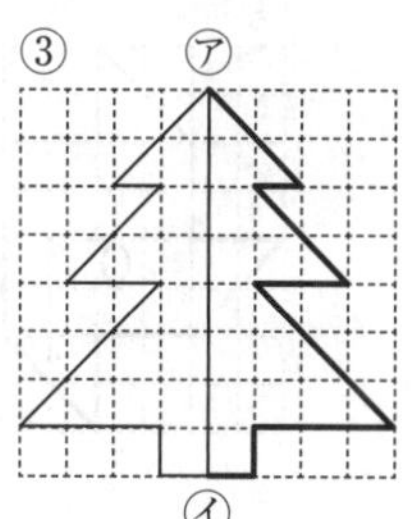

④

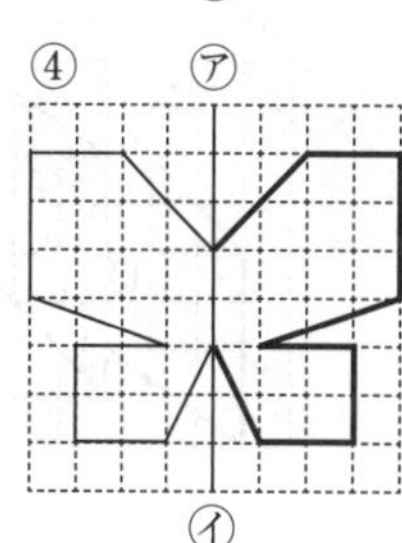

〔p. 9〕 **1** 対称な図形 ⑥

①　×　　②　○

③　×　　④　○

〔p. 10〕 **1** 対称な図形 ⑦

①　点Aと点D、点Bと点F、点Cと点F

②　点Aと点D、点Bと点E、点Cと点F

〔p. 11〕 **1** 対称な図形 ⑧

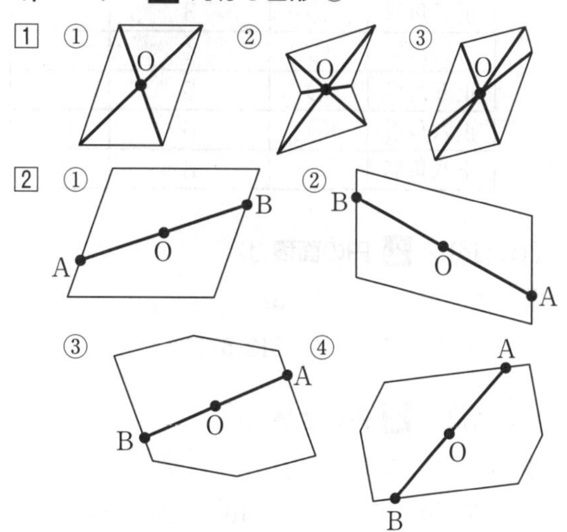

〔p. 12〕 **1 対称な図形 ⑨**

① 点Aと点D、点Bと点E、点Cと点F

② ㋐ 4 cm

　 ㋑ 6 cm

〔p. 13〕 **1 対称な図形 ⑩**

①

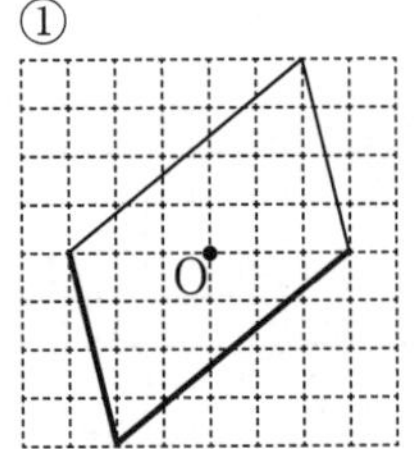

②

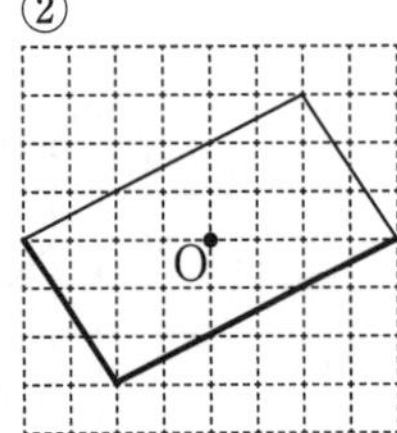

③

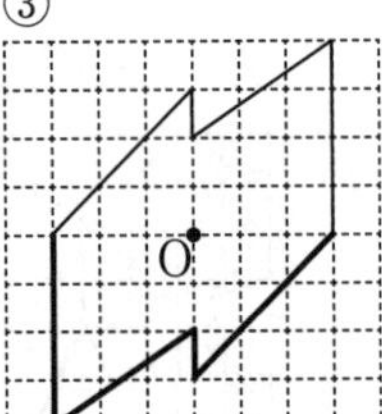

④

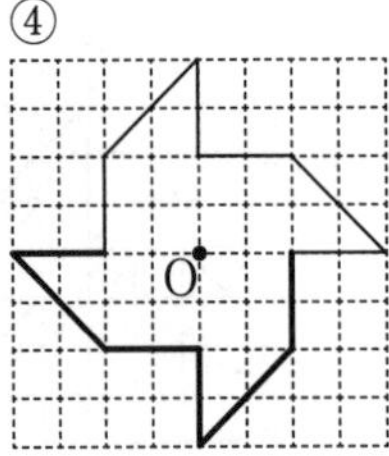

〔p. 14〕 **1 対称な図形 ⑪**

	線対称	対称の軸の数	点対称
平行四辺形	×	0	○
ひし形	○	2	○
長方形	○	2	○
正方形	○	4	○

〔p. 15〕 **1 対称な図形 ⑫**

	線対称	対称の軸の数	点対称
正三角形	○	3	×
正方形	○	4	○
正五角形	○	5	×
正六角形	○	6	○
正八角形	○	8	○

〔p. 16〕 **2 円の面積 ①**

㋐ 294　㋑ 37

㋒ 78.125　㋓ 312.5

〔p. 17〕 **2 円の面積 ②**

㋐ r ×3.14　㋑ r　㋒ r

㋓ 10　㋔ 10　㋕ 314

〔p. 18〕 **2 円の面積 ③**

1 ① 直径＝6 cm，半径＝3 cm

② 直径＝4 cm，半径＝2 cm

③ 直径＝8 cm，半径＝4 cm

2 ① 4 × 4 ×3.14

② 3 × 3 ×3.14

③ 4 × 4 ×3.14

〔p. 19〕 **2 円の面積 ④**

① 3 × 3 ×3.14＝28.26　28.26cm^2

② 5 × 5 ×3.14＝78.5　78.5cm^2

③ 4 × 4 ×3.14＝50.24　50.24cm^2

④ 7 × 7 ×3.14＝153.86　153.86cm^2

〔p. 20〕 **2 円の面積 ⑤**

① 3 × 3 ×3.14÷ 2

② 4 × 4 ×3.14÷ 2

③ 5 × 5 ×3.14÷ 2

④ 3 × 3 ×3.14÷ 4

⑤ 5 × 5 ×3.14÷ 4

⑥ 6 × 6 ×3.14÷ 4

〔p. 21〕 **2 円の面積 ⑥**

1 ① 2 × 2 ×3.14＝12.56　12.56cm^2

② 12.56÷ 2 ＝6.28　6.28cm^2

③ 6.28÷ 2 ＝3.14　3.14cm^2

2 ① 6 × 6 ×3.14÷ 2 ＝56.52　56.52cm^2

② 56.52÷ 2 ＝28.26　28.26cm^2

〔p. 22〕 **2 円の面積 ⑦**

① 10×10×3.14＝314

　5 × 5 ×3.14＝78.5

　314＋78.5＝392.5　392.5cm^2

② 10×10×3.14÷ 2 ＝157

　5 × 5 ×3.14÷ 2 ＝39.25

　157＋39.25＝196.25　196.25cm^2

③ 10×10×3.14÷ 4 ＝78.5

　5 × 5 ×3.14＝78.5

　78.5＋78.5＝157　157cm^2

キリトリ

キリトリ

キリトリ

〔p. 23〕 **2 円の面積 ⑧**

✿ ① $20\times20=400$

$10\times10\times3.14=314$

$400-314=86$ 　　86cm^2

② $20\times20=400$

$10\times10\times3.14=314$

$400-314=86$ 　　86cm^2

③ $10\times10\div2=50$

$10\times10\times3.14\div4=78.5$

$78.5-50=28.5$ 　　28.5cm^2

〔p. 24〕 **3 文字と式 ①**

✿ ① $x+150$

② $100+x$

③ $2-x$

④ $10\times x$

⑤ $50\div x$

⑥ $50\times x+100$

〔p. 25〕 **3 文字と式 ②**

✿ ① $x+150=y$

② $2-x=y$

③ $30\times x=y$

④ $x\times3=y$

⑤ $4\div x=y$

⑥ $10\times x+80=y$

〔p. 26〕 **3 文字と式 ③**

1 ① ㋐ 　② ㋓

③ ㋒ 　④ ㋑

2 ① ㋐ 　② ㋓

③ ㋒ 　④ ㋑

⑤ ㋔

〔p. 27〕 **3 文字と式 ④**

1 ① $x\times4=y$

② $5\times4=20$ 　　20cm

③ $x\times4=36$ 　$36\div4=9$ 　　9 cm

2 ① $x\times3=y$

② $5\times3=15$ 　　15cm

〔p. 28〕 **4 分数のかけ算 ①**

1 $\frac{2}{5}\times2=\frac{2\times2}{5\times1}=\frac{4}{5}$ 　　$\frac{4}{5}\text{m}^2$

2 ① $\frac{2}{9}\times2=\frac{2\times2}{9\times1}=\frac{4}{9}$

② $\frac{2}{7}\times3=\frac{2\times3}{7\times1}=\frac{6}{7}$

③ $\frac{4}{5}\times2=\frac{4\times2}{5\times1}=\frac{8}{5}=1\frac{3}{5}$

④ $\frac{5}{7}\times4=\frac{5\times4}{7\times1}=\frac{20}{7}=2\frac{6}{7}$

〔p. 29〕 **4 分数のかけ算 ②**

1 $\frac{1}{6}\times2=\frac{1\times\cancel{2}^{1}}{{}_{3}\cancel{6}\times1}=\frac{1}{3}$ 　　$\frac{1}{3}$kg

2 ① $\frac{4}{21}\times7=\frac{4\times\cancel{7}^{1}}{{}_{3}\cancel{21}\times1}=\frac{4}{3}=1\frac{1}{3}$

② $\frac{2}{15}\times3=\frac{2\times\cancel{3}^{1}}{{}_{5}\cancel{15}\times1}=\frac{2}{5}$

③ $\frac{3}{8}\times2=\frac{3\times\cancel{2}^{1}}{{}_{4}\cancel{8}\times1}=\frac{3}{4}$

④ $\frac{8}{9}\times3=\frac{8\times\cancel{3}^{1}}{{}_{3}\cancel{9}\times1}=\frac{8}{3}=2\frac{2}{3}$

〔p. 30〕 **4 分数のかけ算 ③**

✿ ① $\frac{1}{5}\times\frac{1}{3}=\frac{1\times1}{5\times3}=\frac{1}{15}$

② $\frac{2}{3}\times\frac{1}{7}=\frac{2\times1}{3\times7}=\frac{2}{21}$

③ $\frac{3}{4}\times\frac{3}{5}=\frac{3\times3}{4\times5}=\frac{9}{20}$

④ $\frac{5}{6}\times\frac{7}{9}=\frac{5\times7}{6\times9}=\frac{35}{54}$

⑤ $\frac{7}{8}\times\frac{3}{4}=\frac{7\times3}{8\times4}=\frac{21}{32}$

⑥ $\frac{9}{10}\times\frac{3}{7}=\frac{9\times3}{10\times7}=\frac{27}{70}$

⑦ $\frac{5}{8}\times\frac{5}{7}=\frac{5\times5}{8\times7}=\frac{25}{56}$

⑧ $\frac{7}{8}\times\frac{5}{9}=\frac{7\times5}{8\times9}=\frac{35}{72}$

〔p. 31〕 **4 分数のかけ算 ④**

✿ ① $\frac{4}{9}\times\frac{1}{4}=\frac{{}^{1}\cancel{4}\times1}{9\times\cancel{4}_{1}}=\frac{1}{9}$

② $\frac{3}{7}\times\frac{1}{3}=\frac{{}^{1}\cancel{3}\times1}{7\times\cancel{3}_{1}}=\frac{1}{7}$

③ $\frac{4}{5}\times\frac{1}{8}=\frac{{}^{1}\cancel{4}\times1}{5\times\cancel{8}_{2}}=\frac{1}{10}$

④ $\frac{9}{8}\times\frac{5}{6}=\frac{{}^{3}\cancel{9}\times5}{8\times\cancel{6}_{2}}=\frac{15}{16}$

⑤ $\frac{3}{5}\times\frac{5}{7}=\frac{3\times\cancel{5}^{1}}{{}_{1}\cancel{5}\times7}=\frac{3}{7}$

⑥ $\frac{1}{3}\times\frac{9}{10}=\frac{1\times\cancel{9}^{3}}{{}_{1}\cancel{3}\times10}=\frac{3}{10}$

⑦ $\frac{2}{3}\times\frac{6}{5}=\frac{2\times\cancel{6}^{2}}{{}_{1}\cancel{3}\times5}=\frac{4}{5}$

⑧ $\frac{4}{15}\times\frac{5}{7}=\frac{4\times\cancel{5}^{1}}{{}_{3}\cancel{15}\times7}=\frac{4}{21}$

〔p. 32〕 4 分数のかけ算 ⑤

① $\frac{7}{9}\times\frac{3}{7}=\frac{{}^{1}\cancel{7}\times\cancel{3}^{1}}{{}_{3}\cancel{9}\times\cancel{7}_{1}}=\frac{1}{3}$

② $\frac{3}{10}\times\frac{2}{9}=\frac{{}^{1}\cancel{3}\times\cancel{2}^{1}}{{}_{5}\cancel{10}\times\cancel{9}_{3}}=\frac{1}{15}$

③ $\frac{7}{16}\times\frac{4}{7}=\frac{{}^{1}\cancel{7}\times\cancel{4}^{1}}{{}_{4}\cancel{16}\times\cancel{7}_{1}}=\frac{1}{4}$

④ $\frac{2}{9}\times\frac{3}{10}=\frac{{}^{1}\cancel{2}\times\cancel{3}^{1}}{{}_{3}\cancel{9}\times\cancel{10}_{5}}=\frac{1}{15}$

⑤ $\frac{5}{6}\times\frac{3}{10}=\frac{{}^{1}\cancel{5}\times\cancel{3}^{1}}{{}_{2}\cancel{6}\times\cancel{10}_{2}}=\frac{1}{4}$

⑥ $\frac{5}{9}\times\frac{18}{25}=\frac{{}^{1}\cancel{5}\times\cancel{18}^{2}}{{}_{1}\cancel{9}\times\cancel{25}_{5}}=\frac{2}{5}$

⑦ $\frac{9}{5}\times\frac{10}{27}=\frac{{}^{1}\cancel{9}\times\cancel{10}^{2}}{{}_{1}\cancel{5}\times\cancel{27}_{3}}=\frac{2}{3}$

⑧ $\frac{7}{15}\times\frac{25}{21}=\frac{{}^{1}\cancel{7}\times\cancel{25}^{5}}{{}_{3}\cancel{15}\times\cancel{21}_{3}}=\frac{5}{9}$

〔p. 33〕 4 分数のかけ算 ⑥

① $1\frac{1}{3}\times\frac{2}{5}=\frac{4}{3}\times\frac{2}{5}=\frac{4\times2}{3\times5}=\frac{8}{15}$

② $2\frac{2}{5}\times\frac{2}{7}=\frac{12}{5}\times\frac{2}{7}=\frac{12\times2}{5\times7}=\frac{24}{35}$

③ $2\frac{7}{9}\times\frac{3}{5}=\frac{25}{9}\times\frac{3}{5}=\frac{\cancel{25}^{5}\times\cancel{3}^{1}}{{}_{3}\cancel{9}\times{}_{1}\cancel{5}}=\frac{5}{3}=1\frac{2}{3}$

④ $1\frac{1}{7}\times2\frac{1}{10}=\frac{8}{7}\times\frac{21}{10}=\frac{\cancel{8}^{4}\times\cancel{21}^{3}}{{}_{1}\cancel{7}\times{}_{5}\cancel{10}}=\frac{12}{5}=2\frac{2}{5}$

⑤ $2\frac{2}{3}\times2\frac{1}{4}=\frac{8}{3}\times\frac{9}{4}=\frac{\cancel{8}^{2}\times\cancel{9}^{3}}{{}_{1}\cancel{3}\times{}_{1}\cancel{4}}=6$

⑥ $2\frac{1}{4}\times3\frac{1}{3}=\frac{9}{4}\times\frac{10}{3}=\frac{{}^{3}\cancel{9}\times\cancel{10}^{5}}{{}_{2}\cancel{4}\times\cancel{3}_{1}}=\frac{15}{2}=7\frac{1}{2}$

〔p. 34〕 4 分数のかけ算 ⑦

① $\frac{3}{4}\times\frac{7}{9}\times\frac{2}{7}=\frac{{}^{1}\cancel{3}\times{}^{1}\cancel{7}\times{}^{1}\cancel{2}}{{}_{2}\cancel{4}\times\cancel{9}_{3}\times\cancel{7}_{1}}=\frac{1}{6}$

② $\frac{4}{5}\times\frac{3}{8}\times\frac{2}{3}=\frac{\cancel{4}^{1}\times\cancel{3}^{1}\times\cancel{2}^{1}}{5\times\cancel{8}_{\cancel{2}1}\times{}_{1}\cancel{3}}=\frac{1}{5}$

③ $\frac{3}{5}\times\frac{7}{12}\times\frac{4}{7}=\frac{\cancel{3}^{1}\times\cancel{7}^{1}\times\cancel{4}^{1}}{5\times\cancel{12}_{\cancel{3}1}\times{}_{1}\cancel{7}}=\frac{1}{5}$

④ $\frac{9}{10}\times\frac{7}{8}\times\frac{16}{21}=\frac{\cancel{9}^{3}\times\cancel{7}^{1}\times\cancel{16}^{\cancel{2}1}}{{}_{5}\cancel{10}\times{}_{1}\cancel{8}\times\cancel{21}_{\cancel{3}1}}=\frac{3}{5}$

⑤ $\frac{2}{9}\times5\times\frac{3}{10}=\frac{\cancel{2}^{1}\times\cancel{5}^{1}\times\cancel{3}^{1}}{{}_{3}\cancel{9}\times1\times\cancel{10}_{\cancel{2}1}}=\frac{1}{3}$

⑥ $\frac{2}{9}\times3\times3\frac{3}{10}=\frac{\cancel{2}^{1}\times\cancel{3}^{1}\times\cancel{33}^{11}}{{}_{1\cancel{3}}\cancel{9}\times1\times{}_{5}\cancel{10}}=\frac{11}{5}=2\frac{1}{5}$

〔p. 35〕 4 分数のかけ算 ⑧

① $\left(\frac{1}{3}+\frac{1}{2}\right)\times6=\frac{1}{{}_{1}\cancel{3}}\times\cancel{6}^{2}+\frac{1}{{}_{1}\cancel{2}}\times\cancel{6}^{3}=5$

② $\left(\frac{2}{3}+\frac{3}{4}\right)\times12=\frac{2}{{}_{1}\cancel{3}}\times\cancel{12}^{4}+\frac{3}{{}_{1}\cancel{4}}\times\cancel{12}^{3}=17$

③ $\left(\frac{1}{6}+\frac{5}{9}\right)\times18=\frac{1}{{}_{1}\cancel{6}}\times\cancel{18}^{3}+\frac{5}{{}_{1}\cancel{9}}\times\cancel{18}^{2}=13$

④ $\frac{1}{3}\times5+\frac{1}{3}\times1=\frac{1}{3}\times(5+1)=2$

⑤ $\frac{3}{4}\times3+\frac{3}{4}\times5=\frac{3}{4}\times(3+5)=6$

⑥ $\frac{3}{5}\times4+\frac{3}{5}\times6=\frac{3}{5}\times(4+6)=6$

〔p. 36〕 4 分数のかけ算 ⑨

① $\frac{2}{5}\times\frac{2}{5}=\frac{2\times2}{5\times5}=\frac{4}{25}$　　$\frac{4}{25}\text{cm}^2$

② $\frac{4}{3}\times\frac{9}{4}=\frac{\cancel{4}^{1}\times\cancel{9}^{3}}{{}_{1}\cancel{3}\times{}_{1}\cancel{4}}=3$　　3 cm^2

③ $\frac{5}{2}\times\frac{8}{3}=\frac{5\times\cancel{8}^{4}}{{}_{1}\cancel{2}\times3}=\frac{20}{3}$

$\frac{20}{3}\text{cm}^2\left(6\frac{2}{3}\text{cm}^2\right)$

〔p. 37〕 4 分数のかけ算 ⑩

1 ① $\frac{4}{{}_{1}\cancel{5}}\times{}_{1}\cancel{5}=4$　　4 m^2

② $\frac{\cancel{4}^{1}}{5}\times\frac{3}{{}_{1}\cancel{4}}=\frac{3}{5}$　　$\frac{3}{5}\text{m}^2$

2 ① $\frac{7}{{}_{1}\cancel{8}}\times\cancel{40}_{5}=35$　　35m^2

② $\frac{\cancel{7}^{1}}{{}_{1}\cancel{8}}\times\frac{\cancel{48}^{6}}{{}_{5}\cancel{35}}=\frac{6}{5}$　　$\frac{6}{5}\text{m}^2\left(1\frac{1}{5}\text{m}^2\right)$

〔p. 38〕 5 分数のわり算 ①

1 ① $\frac{3}{2}$　② $\frac{5}{12}$　③ 3

④ $\frac{5}{4}$　⑤ $\frac{7}{15}$　⑥ 15

⑦ $\frac{1}{8}$　⑧ $\frac{1}{9}$　⑨ $\frac{1}{10}$

2 $\frac{2}{5}\div3=\frac{2}{5\times3}=\frac{2}{15}$　　$\frac{2}{15}\text{m}^2$

〔p. 39〕 5 分数のわり算 ②

① $\frac{1}{3}\div2=\frac{1\times1}{3\times2}=\frac{1}{6}$

② $\frac{4}{5}\div3=\frac{4\times1}{5\times3}=\frac{4}{15}$

③ $\frac{7}{5}\div3=\frac{7\times1}{5\times3}=\frac{7}{15}$

④ $\frac{5}{9}\div4=\frac{5\times1}{9\times4}=\frac{5}{36}$

キリトリ

キリトリ

キリトリ

⑤ $\frac{6}{17} \div 2 = \frac{\cancel{6}^{3} \times 1}{17 \times \cancel{2}_{1}} = \frac{3}{17}$

⑥ $\frac{8}{13} \div 16 = \frac{\cancel{8}^{1} \times 1}{13 \times \cancel{16}_{2}} = \frac{1}{26}$

⑦ $\frac{12}{5} \div 24 = \frac{\cancel{12}^{1} \times 1}{5 \times \cancel{24}_{2}} = \frac{1}{10}$

⑧ $\frac{9}{2} \div 81 = \frac{\cancel{9}^{1} \times 1}{2 \times \cancel{81}_{9}} = \frac{1}{18}$

〔p. 40〕 **5 分数のわり算 ③**

① $\frac{1}{5} \div \frac{2}{3} = \frac{1 \times 3}{5 \times 2} = \frac{3}{10}$

② $\frac{5}{8} \div \frac{4}{5} = \frac{5 \times 5}{8 \times 4} = \frac{25}{32}$

③ $\frac{3}{4} \div \frac{2}{3} = \frac{3 \times 3}{4 \times 2} = \frac{9}{8} = 1\frac{1}{8}$

④ $\frac{4}{7} \div \frac{3}{5} = \frac{4 \times 5}{7 \times 3} = \frac{20}{21}$

⑤ $\frac{7}{9} \div \frac{3}{5} = \frac{7 \times 5}{9 \times 3} = \frac{35}{27} = 1\frac{8}{27}$

⑥ $\frac{5}{9} \div \frac{4}{5} = \frac{5 \times 5}{9 \times 4} = \frac{25}{36}$

⑦ $\frac{4}{9} \div \frac{3}{7} = \frac{4 \times 7}{9 \times 3} = \frac{28}{27} = 1\frac{1}{27}$

⑧ $\frac{3}{8} \div \frac{2}{7} = \frac{3 \times 7}{8 \times 2} = \frac{21}{16} = 1\frac{5}{16}$

〔p. 41〕 **5 分数のわり算 ④**

① $\frac{1}{6} \div \frac{2}{3} = \frac{1 \times \cancel{3}^{1}}{{}_{2}\cancel{6} \times 2} = \frac{1}{4}$

② $\frac{1}{8} \div \frac{3}{4} = \frac{1 \times \cancel{4}^{1}}{{}_{2}\cancel{8} \times 3} = \frac{1}{6}$

③ $\frac{5}{12} \div \frac{9}{8} = \frac{5 \times \cancel{8}^{2}}{{}_{3}\cancel{12} \times 9} = \frac{10}{27}$

④ $\frac{8}{9} \div \frac{11}{18} = \frac{8 \times \cancel{18}^{2}}{{}_{1}\cancel{9} \times 11} = \frac{16}{11} = 1\frac{5}{11}$

⑤ $\frac{3}{5} \div \frac{9}{7} = \frac{{}^{1}\cancel{3} \times 7}{5 \times \cancel{9}_{3}} = \frac{7}{15}$

⑥ $\frac{4}{5} \div \frac{2}{7} = \frac{{}^{2}\cancel{4} \times 7}{5 \times \cancel{2}_{1}} = \frac{14}{5} = 2\frac{4}{5}$

⑦ $\frac{4}{9} \div \frac{8}{7} = \frac{{}^{1}\cancel{4} \times 7}{9 \times \cancel{8}_{2}} = \frac{7}{18}$

⑧ $\frac{3}{8} \div \frac{15}{17} = \frac{{}^{1}\cancel{3} \times 17}{8 \times \cancel{15}_{5}} = \frac{17}{40}$

〔p. 42〕 **5 分数のわり算 ⑤**

① $\frac{8}{9} \div \frac{20}{21} = \frac{{}^{2}\cancel{8} \times \cancel{21}^{7}}{{}_{3}\cancel{9} \times \cancel{20}_{5}} = \frac{14}{15}$

② $\frac{15}{16} \div \frac{9}{10} = \frac{{}^{5}\cancel{15} \times \cancel{10}^{5}}{{}_{8}\cancel{16} \times \cancel{9}_{3}} = \frac{25}{24} = 1\frac{1}{24}$

③ $\frac{8}{21} \div \frac{6}{35} = \frac{{}^{4}\cancel{8} \times \cancel{35}^{5}}{{}_{3}\cancel{21} \times \cancel{6}_{3}} = \frac{20}{9} = 2\frac{2}{9}$

④ $\frac{10}{21} \div \frac{14}{15} = \frac{{}^{5}\cancel{10} \times \cancel{15}^{5}}{{}_{7}\cancel{21} \times \cancel{14}_{7}} = \frac{25}{49}$

⑤ $\frac{14}{15} \div \frac{8}{9} = \frac{{}^{7}\cancel{14} \times \cancel{9}^{3}}{{}_{5}\cancel{15} \times \cancel{8}_{4}} = \frac{21}{20} = 1\frac{1}{20}$

⑥ $\frac{15}{16} \div \frac{21}{20} = \frac{{}^{5}\cancel{15} \times \cancel{20}^{5}}{{}_{4}\cancel{16} \times \cancel{21}_{7}} = \frac{25}{28}$

⑦ $\frac{5}{9} \div \frac{25}{18} = \frac{\cancel{5} \times \cancel{18}^{2}}{{}_{1}\cancel{9} \times \cancel{25}_{5}} = \frac{2}{5}$

⑧ $\frac{8}{5} \div \frac{12}{35} = \frac{{}^{2}\cancel{8} \times \cancel{35}^{7}}{{}_{1}\cancel{5} \times \cancel{12}_{3}} = \frac{14}{3} = 4\frac{2}{3}$

〔p. 43〕 **5 分数のわり算 ⑥**

① $1\frac{1}{2} \div \frac{2}{3} = \frac{3}{2} \div \frac{2}{3} = \frac{3 \times 3}{2 \times 2} = \frac{9}{4} = 2\frac{1}{4}$

② $1\frac{3}{4} \div \frac{2}{7} = \frac{7}{4} \div \frac{2}{7} = \frac{7 \times 7}{4 \times 2} = \frac{49}{8} = 6\frac{1}{8}$

③ $2\frac{7}{9} \div \frac{5}{9} = \frac{25}{9} \div \frac{5}{9} = \frac{{}^{5}\cancel{25} \times \cancel{9}^{1}}{{}_{1}\cancel{9} \times \cancel{5}_{1}} = 5$

④ $1\frac{4}{5} \div 1\frac{1}{8} = \frac{9}{5} \div \frac{9}{8} = \frac{{}^{1}\cancel{9} \times 8}{5 \times \cancel{9}_{1}} = \frac{8}{5}$

$= 1\frac{3}{5}$

⑤ $1\frac{1}{5} \div 2\frac{2}{5} = \frac{6}{5} \div \frac{12}{5} = \frac{{}^{1}\cancel{6} \times \cancel{5}^{1}}{{}_{1}\cancel{5} \times \cancel{12}_{2}} = \frac{1}{2}$

⑥ $1\frac{1}{3} \div 2\frac{2}{5} = \frac{4}{3} \div \frac{12}{5} = \frac{{}^{1}\cancel{4} \times 5}{3 \times \cancel{12}_{3}} = \frac{5}{9}$

〔p. 44〕 **5 分数のわり算 ⑦**

① $\frac{3}{4} \div 2 \div \frac{2}{5} = \frac{3 \times 1 \times 5}{4 \times 2 \times 2} = \frac{15}{16}$

② $\frac{1}{7} \div \frac{3}{4} \div \frac{3}{5} = \frac{1 \times \cancel{3}^{1} \times 5}{7 \times 4 \times \cancel{3}_{1}} = \frac{5}{28}$

③ $\frac{1}{3} \div \frac{5}{18} \div \frac{9}{2} = \frac{1 \times \cancel{18}^{2} \times 2}{3 \times 5 \times \cancel{9}_{1}} = \frac{4}{15}$

④ $\frac{2}{5} \div \frac{4}{9} \div \frac{9}{8} = \frac{2 \times \cancel{9}^{1} \times \cancel{8}^{2}}{5 \times \cancel{4}_{1} \times \cancel{9}_{1}} = \frac{4}{5}$

⑤ $\frac{7}{15} \div \frac{7}{25} \div \frac{2}{3} = \frac{{}^{1}\cancel{7} \times \cancel{25}^{5} \times \cancel{3}^{1}}{{}_{1}\cancel{15}_{3} \times \cancel{7}_{1} \times 2} = \frac{5}{2} = 2\frac{1}{2}$

⑥ $\frac{8}{15} \div \frac{10}{9} \div \frac{14}{25} = \frac{{}^{1}\cancel{8}^{4} \times \cancel{9}^{3} \times \cancel{25}^{5}{}^{1}}{{}_{1}\cancel{15}_{3} \times \cancel{10}_{5}{}_{1} \times \cancel{14}_{7}} = \frac{6}{7}$

〔p. 45〕 **5 分数のわり算 ⑧**

[1] $10 \div \frac{2}{9} = \frac{{}^{5}\cancel{10} \times 9}{1 \times \cancel{2}_{1}} = 45$ 　　45g

[2] $10 \div 1\frac{2}{3} = \frac{{}^{2}\cancel{10} \times 3}{1 \times \cancel{5}_{1}} = 6$ 　　6g

[3] ① $\frac{9}{4} \times \frac{6}{5} \div 2 = \frac{9 \times \cancel{6}^{3} \times 1}{4 \times 5 \times \cancel{2}_{1}} = \frac{27}{20}$

$\frac{27}{20}\text{cm}^2 \left(1\frac{7}{20}\text{cm}^2\right)$

② $\frac{25}{10} \times \frac{16}{10} \div 2 = \frac{{}^{1}\cancel{25} \times \cancel{16}^{2} \times 1}{{}_{1}\cancel{10} \times \cancel{10}_{1} \times \cancel{2}_{1}} = 2$

2cm^2

〔p. 46〕 **5** 分数のわり算 ⑨

① $\frac{27}{16} \div \frac{3}{4} = \frac{27 \times 4}{16 \times 3} = \frac{9}{4}$　　$\frac{9}{4}$倍 $\left(2\frac{1}{4}\text{倍}\right)$

② $\frac{8}{9} \div \frac{7}{9} = \frac{8 \times 9}{9 \times 7} = \frac{8}{7}$　　$\frac{8}{7}$倍 $\left(1\frac{1}{7}\text{倍}\right)$

③ $\frac{2}{5} \div \frac{7}{15} = \frac{2 \times 15}{5 \times 7} = \frac{6}{7}$　　$\frac{6}{7}$倍

④ $\frac{5}{8} \div \frac{15}{16} = \frac{5 \times 16}{8 \times 15} = \frac{2}{3}$　　$\frac{2}{3}$倍

〔p. 47〕 **5** 分数のわり算 ⑩

① $100 \times 5 = 500$　　500円

② $100 \times \frac{6}{5} = \frac{100 \times 6}{1 \times 5} = 120$　　120円

③ $100 \times \frac{3}{5} = \frac{100 \times 3}{1 \times 5} = 60$　　60円

④ $100 \times \frac{4}{5} = \frac{100 \times 4}{1 \times 5} = 80$　　80円

〔p. 48〕 **6** 分数のかけ算・わり算 ①

1 ① $\frac{3}{10}$　② $\frac{7}{10}$

③ $\frac{11}{10}$　④ $\frac{13}{10}$

⑤ $\frac{23}{10}$　⑥ $\frac{33}{10}$

2 ① $\frac{1}{2}$　② $\frac{4}{5}$

③ $\frac{6}{5}$　④ $\frac{3}{2}$

⑤ $\frac{5}{2}$　⑥ $\frac{14}{5}$

〔p. 49〕 **6** 分数のかけ算・わり算 ②

1 ① $\frac{3}{100}$　② $\frac{7}{100}$

③ $\frac{11}{100}$　④ $\frac{13}{100}$

⑤ $\frac{23}{100}$　⑥ $\frac{21}{100}$

2 ① $\frac{1}{25}$　② $\frac{1}{20}$

③ $\frac{4}{25}$　④ $\frac{1}{4}$

⑤ $\frac{9}{25}$　⑥ $\frac{12}{25}$

〔p. 50〕 **6** 分数のかけ算・わり算 ③

① $\frac{9}{10} \times \frac{2}{3} = \frac{9 \times 2}{10 \times 3} = \frac{3}{5}$

② $\frac{6}{10} \times \frac{1}{2} = \frac{6 \times 1}{10 \times 2} = \frac{3}{10}$

③ $\frac{36}{10} \times \frac{1}{6} = \frac{36 \times 1}{10 \times 6} = \frac{3}{5}$

④ $\frac{1}{8} \times \frac{48}{10} = \frac{1 \times 48}{8 \times 10} = \frac{3}{5}$

⑤ $\frac{2}{3} \times \frac{6}{10} = \frac{2 \times 6}{3 \times 10} = \frac{2}{5}$

⑥ $\frac{1}{2} \times \frac{4}{10} = \frac{1 \times 4}{2 \times 10} = \frac{1}{5}$

〔p. 51〕 **6** 分数のかけ算・わり算 ④

① $\frac{2}{10} \div \frac{2}{3} = \frac{2 \times 3}{10 \times 2} = \frac{3}{10}$

② $\frac{5}{10} \div \frac{4}{5} = \frac{5 \times 5}{10 \times 4} = \frac{5}{8}$

③ $\frac{15}{10} \div \frac{3}{5} = \frac{15 \times 5}{10 \times 3} = \frac{5}{2}$ $\left(2\frac{1}{2}\right)$

④ $\frac{3}{7} \div \frac{3}{10} = \frac{3 \times 10}{7 \times 3} = \frac{10}{7}$ $\left(1\frac{3}{7}\right)$

⑤ $\frac{4}{5} \div \frac{9}{10} = \frac{4 \times 10}{5 \times 9} = \frac{8}{9}$

⑥ $\frac{7}{5} \div \frac{21}{10} = \frac{7 \times 10}{5 \times 21} = \frac{2}{3}$

〔p. 52〕 **7** 角柱と円柱の体積 ①

① $3 \times 3 = 9$　　9 cm^2

② $3 \times 4 = 12$　　12 cm^2

③ $4 \times 3 = 12$　　12 cm^2

④ $2 \times 2 \times 3.14 = 12.56$　　12.56 cm^2

〔p. 53〕 **7** 角柱と円柱の体積 ②

① $4 \times 3 \div 2 = 6$　　6 cm^2

② $(2 + 4) \times 3 \div 2 = 9$　　9 cm^2

③ $3 \times 4 \div 2 = 6$　　6 cm^2

④ $2 \times 2 \times 3.14 \div 2 = 6.28$　　6.28 cm^2

〔p. 54〕 **7** 角柱と円柱の体積 ③

① 底面積　$2 \times 4 = 8$,
体積　$8 \times 6 = 48$　　48 cm^3

② 底面積　$5 \times 4 = 20$,
体積　$20 \times 7 = 140$　　140 cm^3

③ 底面積　$6 \times 6 = 36$,
体積　$36 \times 6 = 216$　　216 cm^3

〔p．55〕 **7 角柱と円柱の体積 ④**

① $4\times4\div2=8,\ 8\times7=56$ 　56cm³
② $4\times5\div2=10,\ 10\times8=80$ 　80cm³
③ $8\times6\div2=24,\ 24\times10=240$ 　240cm³

〔p．56〕 **7 角柱と円柱の体積 ⑤**

① $5\times4\div2=10,\ 10\times5=50$ 　50cm³
② $8\times5\div2=20,\ 20\times10=200$ 　200cm³
③ $8\times5\div2=20,\ 20\times15=300$ 　300cm³

〔p．57〕 **7 角柱と円柱の体積 ⑥**

① $2\times2\times3.14=12.56$
$12.56\times6=75.36$ 　75.36cm³
② $4\times4\times3.14=50.24$
$50.24\times5=251.2$ 　251.2cm³
③ $1\times1\times3.14=3.14$
$3.14\times10=31.4$ 　31.4cm³

〔p．58〕 **7 角柱と円柱の体積 ⑦**

① $3\times3\times3.14\div2=14.13$
$14.13\times10=141.3$ 　141.3cm³
② $4\times4\times3.14\div2=25.12$
$25.12\times10=251.2$ 　251.2cm³
③ $2\times2\times3.14\div4=3.14$
$3.14\times10=31.4$ 　31.4cm³

〔p．59〕 **7 角柱と円柱の体積 ⑧**

① 底面積：$4\times6-2\times4=16$
体積　：$16\times10=160$ 　160cm³
② 底面積：$3\times7+3\times3=30$
体積　：$30\times10=300$ 　300cm³
③ 底面積：$4\times6-2\times2=20$
体積　：$20\times10=200$ 　200cm³

※　底面積の解き方は一例

〔p．60〕 **7 角柱と円柱の体積 ⑨**

① 底面積：$5\times5=25$
体積　：$25\times20=500$
底面積：$10\times10=100$
体積　：$100\times9=900$
$500+900=1400$ 　1400cm³
② 底面積：$6\times6\div2=18$
体積　：$18\times14=252$
底面積：$16\times16\div2=128$
体積　：$128\times6=768$
$252+768=1020$ 　1020cm³

〔p．61〕 **7 角柱と円柱の体積 ⑩**

① 底面積：$8\times6\div2+10\times8=104$
体積　：$104\times25=2600$ 　2600cm³
② 底面積：$5\times5\times3.14=78.5$
体積　：$78.5\times20=1570$
底面積：$10\times10\times3.14=314$
体積　：$314\times12=3768$
$1570+3768=5338$ 　5338cm³

〔p．62〕 **8 およその面積や体積 ①**

① およその形（正方形）
$110\times110=12100$ 　12100m²
② およその形（平行四辺形）
$50\times100=5000$ 　5000m²
③ およその形（長方形）
$750\times600=450000$ 　450000m²

〔p．63〕 **8 およその面積や体積 ②**

① およその形（三角形）
$10\times12\div2=60$ 　60cm²
② およその形（円）
$2\times2\times3.14=12.56$ 　12.56km²
③ およその形（ひし形）
$200\times160\div2=16000$ 　16000m²

〔p．64〕 **8 およその面積や体積 ③**

① およその形（円柱）
$4\times4\times3.14\times25=1256$ 　1256cm³
② およその形（直方体）
$8.5\times10\times25=2125$ 　2125cm³

〔p. 65〕 **8 およその面積や体積 ④**

✿ ① およその形（直方体）

$15\times22\times30=9900$　　<u>9900cm³</u>

② およその形（円柱）

$10\times10\times3.14\times6=1884$　　<u>1884cm³</u>

〔p. 66〕 **9 比とその利用 ①**

1 ① 1：2
② 3：4
③ 3：2
④ 2：5
⑤ 3：1

2 ① 1：2
② 1：1
③ 1：3
④ 1：2
⑤ 1：2
⑥ 2：3

〔p. 67〕 **9 比とその利用 ②**

1 ① $2\div3=\frac{2}{3}$
② $3\div10=\frac{3}{10}$
③ $4\div9=\frac{4}{9}$
④ $5\div13=\frac{5}{13}$
⑤ $8\div7=\frac{8}{7}$

2 ① $2\div4=\frac{2}{4}=\frac{1}{2}$
② $3\div6=\frac{3}{6}=\frac{1}{2}$
③ $4\div8=\frac{4}{8}=\frac{1}{2}$
④ $5\div20=\frac{5}{20}=\frac{1}{4}$
⑤ $10\div25=\frac{10}{25}=\frac{2}{5}$
⑥ $4\div6=\frac{4}{6}=\frac{2}{3}$

〔p. 68〕 **9 比とその利用 ③**

1 ①

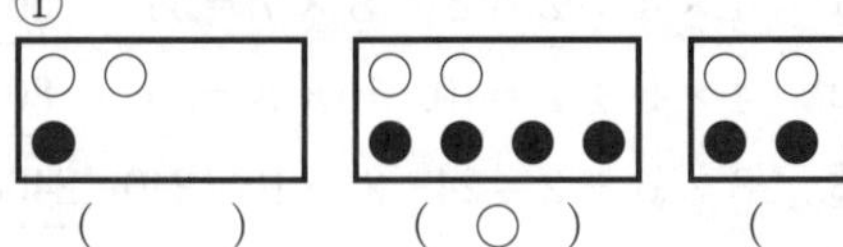

（　）　（○）　（　）

②

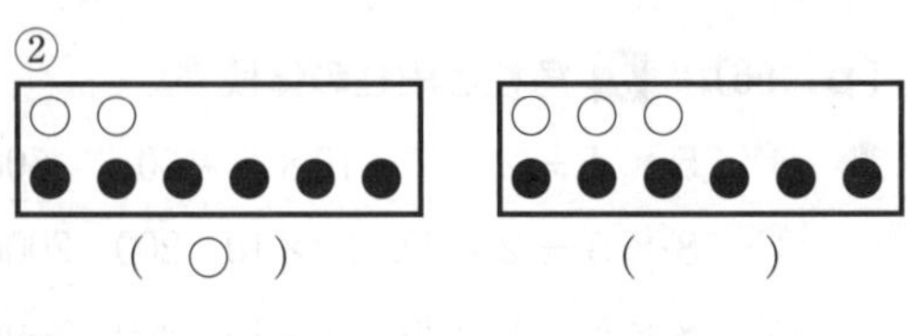

（○）　（　）

③

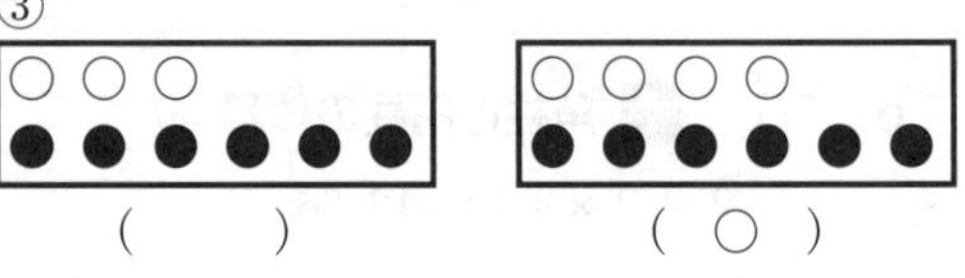

（　）　（○）

2 （㋐と㋕）（㋑と㋓）（㋒と㋔）（順不同）

3 ① ＝　② ×
③ ×　④ ＝
⑤ ＝　⑥ ×

〔p. 69〕 **9 比とその利用 ④**

1 ○がつくもの
① 30：40　3：4
② 24：16　6：4　3：2
③ 4：6　2：3　24：36

2 ① 4　② 6
③ 12　④ 16
⑤ 40　⑥ 42
⑦ 3　⑧ 5
⑨ 9　⑩ 8
⑪ 8　⑫ 9

〔p. 70〕 **9 比とその利用 ⑤**

1 ① 32：80　② 8：24
③ 36：27　④ 30：75

2 ① 2：3　② 3：5

3 ① 2：3　② 4：5
③ 2：7　④ 3：5
⑤ 5：8　⑥ 8：9
⑦ 3：2　⑧ 4：3
⑨ 3：7　⑩ 5：9

キリトリ

キリトリ

〔p. 71〕 **9 比とその利用 ⑥**

1 ① 4：3　② 1：3
③ 2：3　④ 6：5
⑤ 3：2　⑥ 3：2
⑦ 1：3　⑧ 4：7
⑨ 3：4　⑩ 7：9

2 ① 6：8：10＝3：4：5
② 6：8：4＝3：4：2

〔p. 72〕 **9 比とその利用 ⑦**

① 5：15＝1：3
② 3：37
③ 31：2
④ 4：12＝1：3
⑤ 6：9＝2：3
⑥ 14：35＝2：5
⑦ 16：24＝2：3
⑧ 4：13

〔p. 73〕 **9 比とその利用 ⑧**

① 9：10
② 3：4
③ 6：5
④ 3：2
⑤ 3：2
⑥ 8：3
⑦ 9：10
⑧ 14：10＝7：5

〔p. 74〕 **9 比とその利用 ⑨**

1 ① 4　② 18
③ 4　④ 18
⑤ 10　⑥ 9

2 ① 12　② 4
③ 3　④ 32
⑤ 15　⑥ 20

〔p. 75〕 **9 比とその利用 ⑩**

1 5：6＝15：□　18cm

2 2：8＝□：400　100g

3 5：3＝10：□　6dL

〔p. 76〕 **9 比とその利用 ⑪**

1 ① 4：9＝□：450
② □＝200　200g
③ 5：9＝□：450
④ □＝250　250g
⑤ 450－200＝250　250g

〔p. 77〕 **9 比とその利用 ⑫**

1 牛乳：紅茶：ミルクティー＝3：5：8
3：8＝□：1600
□＝600　600mL

2 ぶた肉：牛肉：ハンバーグ＝4：6：10
6：10＝□：400
□＝240　240g

3 酢：砂糖：しょう油：三杯酢
＝4：1：1：6
4：6＝□：600
□＝400　400mL

〔p. 78〕 **10 拡大図と縮図 ①**

㋒と㋔と㋕

〔p. 79〕 **10 拡大図と縮図 ②**

1 ㋑ $\frac{1}{2}$の縮図
㋒ $\frac{1}{4}$の縮図

2 ㋑ 3倍の拡大図
㋒ 2倍の拡大図
㋓ 4倍の拡大図

〔p. 80〕 **10 拡大図と縮図 ③**

1 ㋓と㋔と㋖

2 ㋒と㋔

〔p. 81〕 10 拡大図と縮図 ④

1 図は例

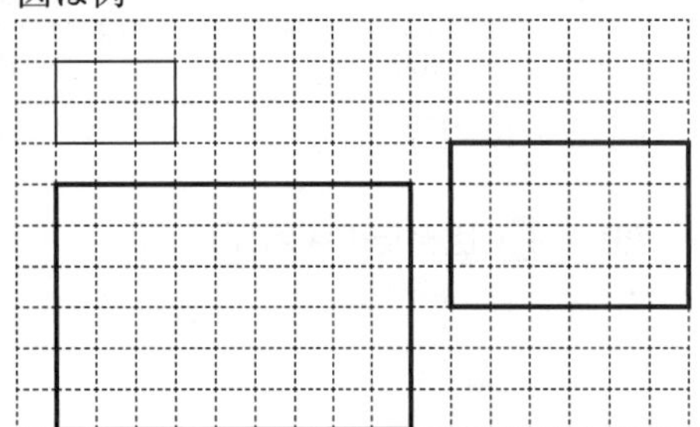

2 図は例

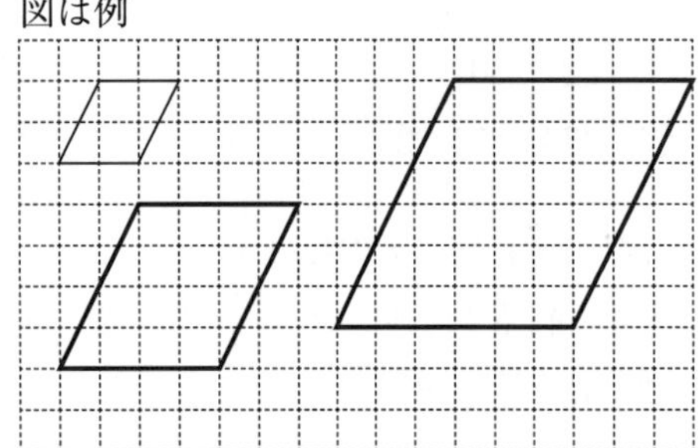

〔p. 82〕 10 拡大図と縮図 ⑤

✿ ① ㋐ 2cm　㋑ 6cm
② ㋐ 2cm　㋑ 6cm，60°
③ ㋐ 4cm
㋑ 5cm　左から60°，75°

〔p. 83〕 10 拡大図と縮図 ⑥

1 省略
2 省略

〔p. 84〕 10 拡大図と縮図 ⑦

1 省略
2 省略

〔p. 85〕 10 拡大図と縮図 ⑧

1 ① $\frac{1}{1000}$　② $\frac{1}{15000}$
2 ① 1：50000　② 1：144
3 5×1000＝5000
5000cm＝50m　<u>50m</u>
4 9×10000＝90000
90000cm＝900m　<u>900m</u>
5 2×12000＝24000
24000cm＝240m　<u>240m</u>

〔p. 86〕 10 拡大図と縮図 ⑨

1 ① 3cm
② 3×200＝600
600cm＝6m　<u>6m</u>
2 6×2000＝12000
12000cm＝120m　<u>120m</u>

〔p. 87〕 10 拡大図と縮図 ⑩

✿ ① 4.5cm
② 4.5×200＝900
900cm＝9m　<u>9m</u>
③ 9＋1.5＝10.5　<u>10.5m</u>

〔p. 88〕 11 比例と反比例 ①

✿ ①

高さ x(cm)	1	2	3	4	5	6	7	8
面積 y(cm²)	4	8	12	16	20	24	28	32

② 2倍、3倍
③ 4倍
④ いえる

〔p. 89〕 11 比例と反比例 ②

✿ ①

高さx(cm)	1	2	3	4	5	6	7	8
面積y(cm²)	3	6	9	12	15	18	21	24

② $\frac{1}{2}$倍、$\frac{1}{3}$倍
③ $\frac{1}{2}$倍
④ いえる

〔p. 90〕 11 比例と反比例 ③

1 ①

縦　x (cm)	1	2	3	4	5	6	7
面積　y (cm²)	4	8	12	16	20	24	28
$y \div x$	4	4	4	4	4	4	4

② 4倍
③ $y = 4 \times x$

キリトリ
キリトリ
キリトリ

2 ①

高さ　x (cm)	1	2	3	4	5	6	7
面積　y (cm²)	5	10	15	20	25	30	35
$y \div x$	5	5	5	5	5	5	5

② 5倍

③ $y = 5 \times x$

〔p．91〕 11 比例と反比例 ④

1 ①

底辺　x(cm)	1	2	3	4	5	6	7
面積　y(cm²)	2	4	6	8	10	12	14
$y \div x$	2	2	2	2	2	2	2

② 2倍

③ $y = 2 \times x$

2 ①

底辺　x (cm)	1	2	3	4	5	6	7
面積　y (cm²)	2	4	6	8	10	12	14
$y \div x$	2	2	2	2	2	2	2

② 2倍

③ $y = 2 \times x$

〔p．92〕 11 比例と反比例 ⑤

①

高さ　x (cm)	1	2	3	4	5	6	7
面積　y (cm²)	2	4	6	8	10	12	14

②

〔p．93〕 11 比例と反比例 ⑥

① $y = 3 \times x$

②

横の長さ　x (cm)	1	2	3	4	5	6	7	8
面積　y (cm²)	3	6	9	12	15	18	21	24

③

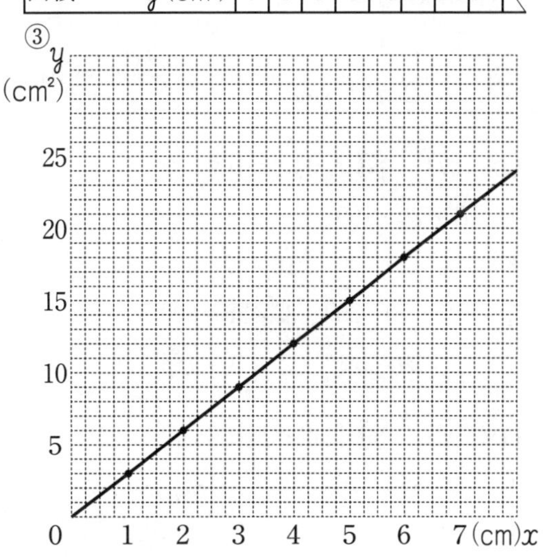

〔p．94〕 11 比例と反比例 ⑦

① 2

② 2

③ 10

④ 5

〔p．95〕 11 比例と反比例 ⑧

①

時間　x(時間)	1	2	3	4	5	6
道のり　y (km)	40	80	120	160	200	240

② $y = 40 \times x$

③

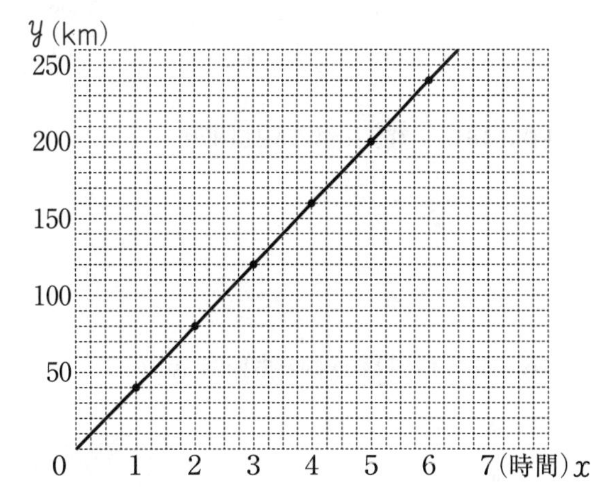

④ 60km

⑤ 3時間30分

〔p. 96〕 11 比例と反比例 ⑨

① 4時間

② 6時間

③ Aさん

④ 2時間

〔p. 97〕 11 比例と反比例 ⑩

1 8 ×20＝160　　160g

2 300÷10＝30　15×30＝450　　450g

3 500÷20＝25　32×25＝800　　800g

4 90÷30＝ 3　45× 3 ＝135　　135g

〔p. 98〕 11 比例と反比例 ⑪

1 300÷20＝15　　15g

2 800÷50＝16　　16g

3 750÷25＝30　30×10＝300　　300g

4 180÷12＝15　15× 5 ＝75　　75g

〔p. 99〕 11 比例と反比例 ⑫

1 500÷25＝20　200÷20＝10　　10枚

2 500÷40＝12.5　200÷12.5＝16　　16枚

3 960÷12＝80　320÷80＝ 4　　4 冊

4 4.8÷24＝0.2　2 ÷0.2＝10　　10本

〔p. 100〕 11 比例と反比例 ⑬

1 8 ÷ 4 ＝ 2　24÷ 2 ＝12　　12枚

2 8 ÷12＝$\frac{2}{3}$　160÷$\frac{2}{3}$＝240　　240枚

3 150÷ 5 ＝30　840÷30＝28　　28冊

4 16÷ 8 ＝ 2　260÷ 2 ＝130　　130個

〔p. 101〕 11 比例と反比例 ⑭

① $\frac{1}{2}$，$\frac{1}{3}$

② 2，3

③ いえる

〔p. 102 〕 11 比例と反比例 ⑮

① 2，3

② 4

③ $\frac{1}{2}$，$\frac{1}{3}$

④ いえる

〔p. 103〕 11 比例と反比例 ⑯

① $x \times y = 12$

底辺の長さ x(cm)	1	2	3	4	5	6
高さ y(cm)	12	6	4	3	2.4	2

② $x \times y = 36$

縦の長さ x(cm)	1	2	3	4	5	6
横の長さ y(cm)	36	18	12	9	7.2	6

③ $x \times y = 6$

時速 x(km)	1	2	3	4	5	6
時間 y(時間)	6	3	2	1.5	1.2	1

④ $x \times y = 300$

秒速 x(m)	1	2	3	4	5	6
時間 y(秒)	300	150	100	75	60	50

〔p. 104〕 11 比例と反比例 ⑰

1 ①

縦の長さ x(cm)	1	2	3	4	5	6
横の長さ y(cm)	24	12	8	6	4.8	4
面積 (cm²)	24	24	24	24	24	24

② $x \times y = 24$

$y = 24 \div x$

③ $y = 24 \div 8$　$y = 3$

$y = 24 \div 10$　$y = 2.4$

2 ①

縦の長さ x(cm)	1	2	3	4	5	6
横の長さ y(cm)	12	6	4	3	2.4	2
面積 (cm²)	12	12	12	12	12	12

② $y = 12 \div x$

〔p. 105〕 11 比例と反比例 ⑱

①

底辺の長さ x(cm)	1	2	3	5	6	10	15
高さ y(cm)	15	7.5	5	3	2.5	1.5	1

②

〔p．106〕 11 比例と反比例 ⑲

① $y=12\div x$

②

底辺の長さx(cm)	1	2	3	4	6	12
高さ y(cm)	12	6	4	3	2	1

③

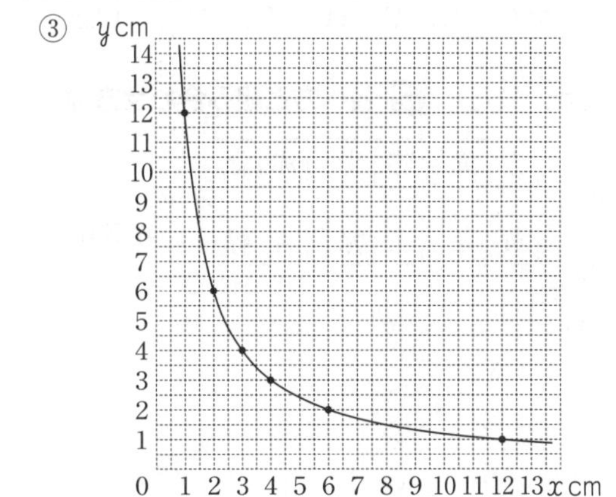

〔p．107〕 11 比例と反比例 ⑳

1 ① $y=15\div x$

② $15\div5=3$ 3 cm

2 ① $y=120\div x$

② $120\div60=2$ 2 時間

3 ① $y=120\div x$

② $120\div40=3$ 3 cm

〔p．108〕 12 並べ方と組み合わせ方 ①

① 2通り

② 6通り

③ 24通り

〔p．109〕 12 並べ方と組み合わせ方 ②

1 ①

1	2	3		2	1	3		3	1	2
1	3	2		2	3	1		3	2	1

② 6通り

2

1234, 1243, 1324, 1342, 1423, 1432

2134, 2143, 2314, 2341, 2413, 2431

3124, 3142, 3214, 3241, 3412, 3421

4123, 4132, 4213, 4231, 4312, 4321

24通り

〔p．110〕 12 並べ方と組み合わせ方 ③

1 ①

12, 13, 14

21, 23, 24

31, 32, 34

41, 42, 43

② 12通り

2 ①

123, 124, 132, 134, 142, 143

213, 214, 231, 234, 241, 243

312, 314, 321, 324, 341, 342

412, 413, 421, 423, 431, 432

② 24通り

〔p．111〕 12 並べ方と組み合わせ方 ④

1 ①

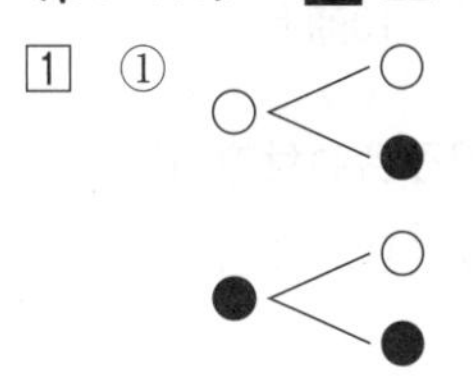

② 4通り

2 ①

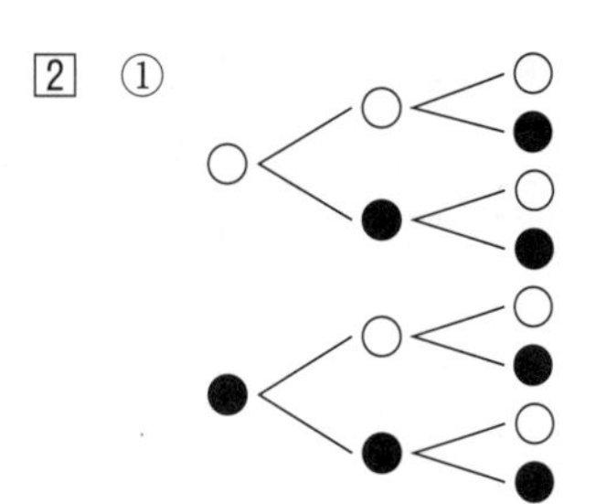

② 8通り

〔p. 112〕 12 並べ方と組み合わせ方 ⑤

✿ ① AB　BA　<u>2通り</u>

② ABC　ACB　BAC

BCA　CAB　CBA　<u>6通り</u>

③ 6(通り)×4(人)=24　<u>24通り</u>

〔p. 113〕 12 並べ方と組み合わせ方 ⑥

1 ① 1023　1203　1302

1032　1230　1320　<u>6通り</u>

② 6(通り)×3(枚)=18　<u>18通り</u>

※　0は千の位にならない

2 4(1時間目)×3(2時間目)=12　<u>12通り</u>

〔p. 114〕 12 並べ方と組み合わせ方 ⑦

✿ ① 3通り

②

＼	A	B	C	D
A	＼	○	○	○
B		＼	○	○
C			＼	○
D				＼

6通り

③

＼	A	B	C	D	E
A	＼	○	○	○	○
B		＼	○	○	○
C			＼	○	○
D				＼	○
E					＼

10通り

〔p. 115〕 12 並べ方と組み合わせ方 ⑧

✿ ① (A, B) (A, C) (B, C)

② 3通り

③ (A, B) (B, C) (C, D) (D, E)

(A, C) (B, D) (C, E)

(A, D) (B, E)

(A, E)

④ 10通り

〔p. 116〕 12 並べ方と組み合わせ方 ⑨

1 ① (カレー, コーン)

(オムライス, コーン)

(パスタ, コーン)

(カレー, オニオン)

(オムライス, オニオン)

(パスタ, オニオン)

② 6通り

2 (A, D, F) (A, D, G)

(A, E, F) (A, E, G)

(B, D, F) (B, D, G)

(B, E, F) (B, E, G)

(C, D, F) (C, D, G)

(C, E, F) (C, E, G)　12通り

〔p. 117〕 12 並べ方と組み合わせ方 ⑩

1 赤|黄　赤|青　赤|緑

黄|青　黄|緑　青|緑　6通り

2

Ⓐ─Ⓑ, Ⓒ, Ⓓ, Ⓔ

Ⓑ─Ⓒ, Ⓓ, Ⓔ

Ⓒ─Ⓓ, Ⓔ

Ⓓ─Ⓔ　10通り

〔p. 118〕 12 並べ方と組み合わせ方 ⑪

✿ ① 5通り

② 10通り

③ 10通り

〔p. 119〕 12 並べ方と組み合わせ方 ⑫

1 ① 60円　110円　150円

② 3通り

2 ① 60円　110円　510円
　150円　550円　600円
② 6通り

〔p. 120〕 13 資料の調べ方 ①

1 ① 3段
② 8段
③ 5段
④ (3＋4＋5＋8＋5)÷5＝5　　5段

2 ① 55g
② 65g
③ 10g
④ (55＋58＋60＋65＋57)÷5＝59　　59g

〔p. 121〕 13 資料の調べ方 ②

① 1回
② 8回
③ (1＋2＋3＋4＋5＋5＋5＋7＋8)＝40　40÷9＝4.44…　　4.4回
④ 5回
⑤ 5回

〔p. 122〕 13 資料の調べ方 ③

①

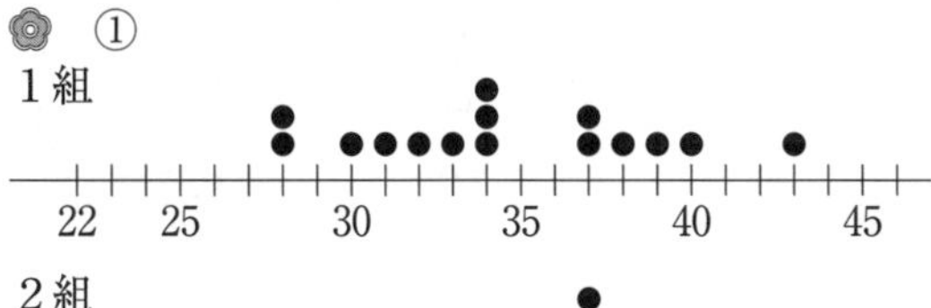

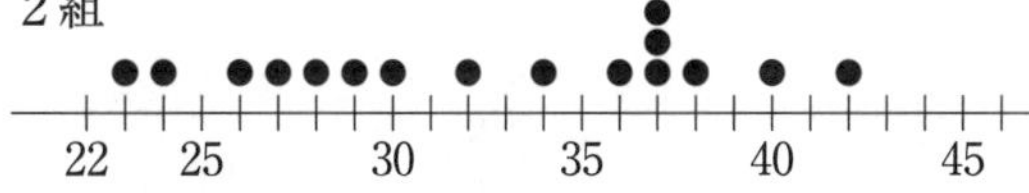

② 1組34m　2組37m
③ 1組34m　2組33m［(32＋34)÷2＝33］

〔p. 123〕 13 資料の調べ方 ④

①

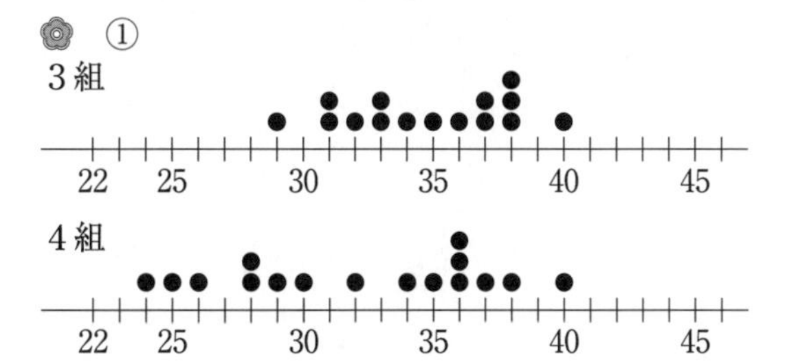

② 3組38m　4組36m
③ 3組35m　4組33m［(32＋34)÷2＝33］

〔p. 124〕 13 資料の調べ方 ⑤

①

階　級 (m)	正の字	人数(人)
20m以上～25m未満		0
25m～30m	丅	2
30m～35m	正丅	7
35m～40m	止	4
40m～45m	丅	2

②

階　級 (m)	正の字	人数(人)
20m以上～25m未満	丅	2
25m～30m	止	4
30m～35m	下	3
35m～40m	正	5
40m～45m	丅	2

〔p. 125〕 13 資料の調べ方 ⑥

①

階　級 (m)	正の字	人数(人)
20m以上～25m未満		0
25m～30m	一	1
30m～35m	正一	6
35m～40m	正丅	7
40m～45m	一	1

②

階　級 (m)	正の字	人数(人)
20m以上～25m未満	一	1
25m～30m	正	5
30m～35m	下	3
35m～40m	正一	6
40m～45m	一	1

〔p. 126〕 **13 資料の調べ方 ⑦**

 ① 「1組の記録」

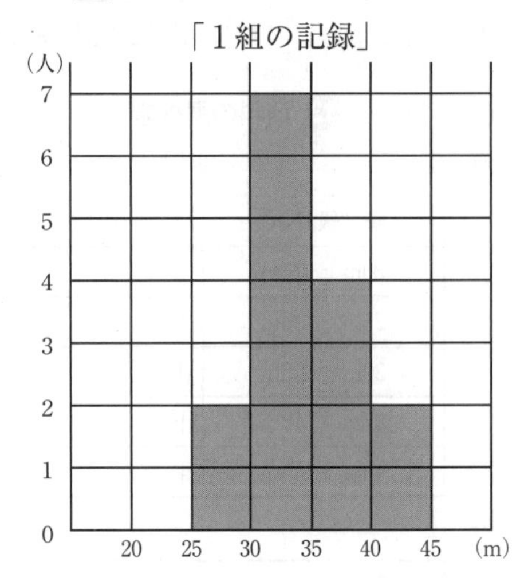

② 「2組の記録」

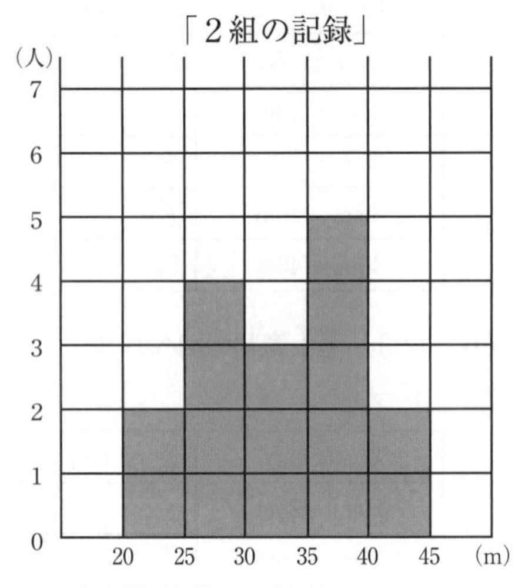

〔p. 127〕 **13 資料の調べ方 ⑧**

① 「3組の記録」

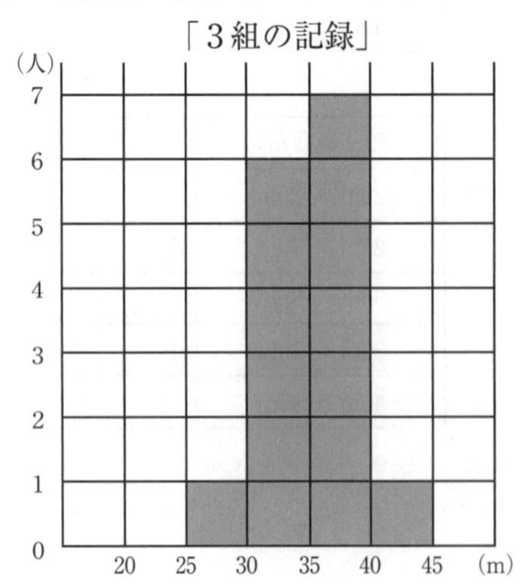

② 「4組の記録」

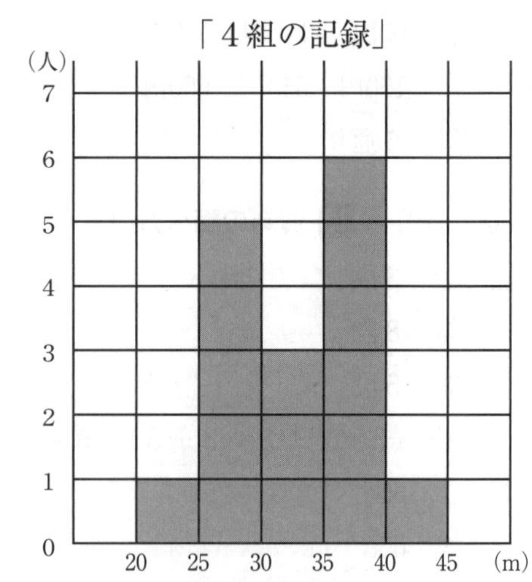

〔p. 128〕 **13 資料の調べ方 ⑨**

① A組　85点以上　90点未満

B組　90点以上　95点未満

② A組　4人

B組　8人　　　B組の方が多い

③ A組　4人

B組　2人　　　B組の方が少ない